全景百科·学生版

令孩子着迷的 100 个宇宙奥秘

畲田 编著

陕西新华出版传媒集团
陕西科学技术出版社
——— 西安 ———

比陆地宽阔的是大海；
比大海宽阔的是天空；
比天空更为浩瀚的是
无穷的知识；
来吧！让我们一起去
畅游知识的海洋。
　　　——改自维克多·雨果

前言 Foreword

浩瀚无边的宇宙魅力无穷,人类自诞生以来就一直为揭开它的奥秘而不断探索。早在人类步入文明社会以前,就有各种对天文现象的传说和记录,而在各个古老民族的神话里,都有关于宇宙和天文的美丽动人的故事。面对无穷无尽的宇宙,东西方的先贤哲人们都曾经提出了一些问题,中国战国时期楚国诗人屈原就曾经写过《天问》,提出了关于宇宙的一百多个问题,这些问题涵盖宇宙的诞生、变化、恒星的光亮、天体的运动等多个方面,显示了古代人对宇宙的思索。

随着近现代科学技术的发展,人类开始用理性的眼光来探索宇宙,以前人类观测的天象为天文学的发展奠定了基础,而新的观测工具望远镜的出现更是大大增强了人类的观测能力。近代科学理论的发展使天文学不仅仅限于观测,而是在理论的指导下有目的地获取信息,以揭开一些谜团。宇宙之大,无奇不有,现在科学家不断地获取新的观测结果,有一些可以被传统的理论所解释,有一些却对人类的智慧提出新的挑战,我们只有去应战,才能揭开这些秘密。

书虫俱乐部

目录 Contents

星空

- 10 美丽世界——星空
- 12 庞大的圆球——天球
- 14 恒星组合——星座
- 16 明亮的天空——北半球星空
- 18 不一样的星空——南半球星空
- 20 点点星光——星星的亮度
- 22 闪耀天际——天空最亮的六颗星
- 24 天文巨人——哥白尼
- 26 天文学大发展——伽利略的发现
- 28 "天空立法者"——开普勒
- 30 灿烂成就——中国古代天文

茫茫宇宙

- 34 浩渺无边——宇宙太空
- 36 万物之源——宇宙起源
- 38 有限无界——膨胀的宇宙
- 40 生生不息——宇宙的未来
- 41 飘忽不定——星际气体和物质
- 42 神秘物体——暗物质和暗能量

星系

- 46 庞大繁杂——星系
- 48 变化万千——星系的形状
- 50 漫漫里程——星系有多远
- 52 银色天河——银河系

- 54 银河系的邻居——河外星系
- 56 宇宙镜子——仙女座星系
- 58 明亮闪耀——椭圆星系
- 60 扁平状星系——旋涡星系
- 62 形状奇特——棒旋星系
- 64 异类星系——不规则星系
- 66 大鱼吃小鱼——吞噬的星系
- 68 有趣的星系之最
- 70 永不消散的云彩——麦哲伦云
- 72 宇宙大撞车——星系的碰撞
- 74 难以分类——古怪的星系
- 76 神奇预言——爱因斯坦十字
- 78 雄伟壮观——多重星系
- 80 宇宙集团——星系团

恒星

- 84 永恒不变——恒星
- 86 渐进长大——成长的恒星
- 88 核反应——恒星能量的来源
- 90 一探奥秘——恒星的结构
- 92 濒临死亡——巨星和超巨星
- 94 慢慢"衰老"——超新星
- 96 类新星——麒麟座 V838
- 98 破茧而出——白矮星
- 100 大质量的恒星——中子星
- 102 强磁场——磁星
- 104 太空魔王——黑洞
- 106 错综复杂——变星
- 108 太空中美丽的风景——星云

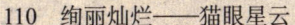

110 绚丽灿烂——猫眼星云
112 宇宙彩蝶——蝴蝶星云
114 容易辨识——猎户座大星云
116 太空中的大柱子——创造之柱
118 成双出现——双星
120 独特的星云——多合星
122 星星之城——星团
124 神秘天体——类星体

太阳系

128 美丽家园——太阳系
130 太阳之子——行星
132 光明之源——太阳
134 微粒辐射——太阳风
136 最小的行星——水星
138 反向旋转——金星
140 人类的摇篮——地球
142 地球卫星——月球
144 变幻的月食
146 自然奇景——日食
148 火红的世界——火星
150 荒凉之地——火星的奇景
152 太阳系巨人——木星
154 斑斓的背后——木星的奇景
156 光环环绕——土星
158 众多卫星——土星卫星
160 躺着运行的行星——天王星
162 风暴行星——海王星
164 被误会的行星——冥王星

166 星空扫帚——彗星
168 星空使者——流星
170 天外来客——陨石
172 不安分的行星——小行星
174 威力十足——天体撞击

人与宇宙

178 观测星星——天文望远镜
180 千里眼——射电望远镜
182 太空之眼——太空望远镜
184 凝视天空——天文台
186 登天的梯子——火箭
188 进入宇宙——航天飞机
190 环绕地球飞行——人造卫星
192 精准定位——卫星导航
194 访问地球的邻居——行星探测器
196 探索土星——"卡西尼"号探测器
198 星际旅行者——"先驱者"10号和11号
200 "先驱者"的姐妹——"旅行者"1号和2号
202 太空工作间——空间站
204 太空工作者——宇航员
206 别样体验——生活在太空
208 月球之旅——"阿波罗"计划
210 现代奔月——"嫦娥计划"
212 好奇心驱使——寻找地外文明
214 天外来客——和外星人握手
216 无限畅想——未来的航天

令孩子着迷的100个宇宙奥秘

令孩子着迷的 100 个宇宙奥秘

星　空

当晚霞散尽，黝黑的天幕闪烁出点点繁星时，我们仰视天空，会看到无数的星星在眨眼，它们发出红色、黄色，甚至蓝色的光。这点点星光会带给我们无穷无尽的遐想，驱动我们的好奇之心，去探求星空的秘密。

美丽世界——星空

在很久以前,人类就对天空中各种美丽的星星产生了兴趣,人们发现有一些星星待在固定的位置一动不动,有的星星则喜欢在天空中转来转去,这些各种各样的星星使星空充满了神秘色彩,吸引着无数人不知疲倦地观测着星空。

辉煌的星光

我们看到的星星都闪耀着美丽明亮的星光。对于恒星来说,它们的星光是自己产生的。但是对于行星来说,它们并不发光,只是反射恒星发出的光,这样它们看起来也是亮光闪闪的。

▶在星空中,大部分星星用肉眼看起来是不动的,这些星星就被称为恒星。而一些位置会移动的星星就被称为行星。

知识小笔记

在古代,人们看到星星之间是一片漆黑的空间,就认为这里是一个不存在任何物质的地方,于是称这里为太空。

星星的颜色

我们可以看见星星具有不同的颜色，比如天狼星发出蓝色的光芒，心宿二发出红色的光芒，而另外一些星星发出黄色的光芒。这是因为星星表面的温度高低不同而造成的。

↑恒星的不同颜色代表星体表面温度的不同，比如蓝色恒星，它的表面温度在 20 000℃以上。

亮星星和暗星星

在星空中，有一些星星很亮，我们很容易看见它们。而另外一些星星很暗，我们要仔细观察才能看到这些星星。我们能看到的星星的可见星等为6等，这相当于在晚上看一根在几十米外点燃的火柴发出的亮度。

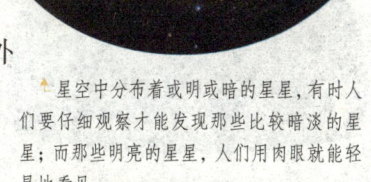

↑星空中分布着或明或暗的星星，有时人们要仔细观察才能发现那些比较暗淡的星星；而那些明亮的星星，人们用肉眼就能轻易地看见。

遥远的行星

天上的星星看起来距离我们不远，所以在很长的一段时间里人类都认为星星离我们很近，有很多人甚至想着要是能把天空中的星星摘下来该多好。实际上天上的星星离我们非常远。

↑赤道附近的星空

庞大的圆球——天球

当你好奇地看着星空的时候,是不是会有这样一种感觉:所有的星星都像是在距离我们一样远的地方,为了方便地表示星星的位置,人们假想了一个包裹着整个宇宙的圆球,这个圆球就被称为天球。

▲ 古希腊天文学家所猜想的天圆地方说

古人的想象

在古代,人们根据自己的观测,认为天空就像一张包裹着大地的美丽绸缎一样,所有的星星都是挂在这张绸缎上的闪光宝石,并由此诞生了许多神话故事。

古代天文学家的猜想

在古希腊时代,一些天文学家虽然对大地的形状不确定,但是他们相信宇宙是圆球形,因此他们认为有一个圆球包裹着宇宙中的所有星星。这是最早的天球想法。

▲ 中世纪的宇宙观

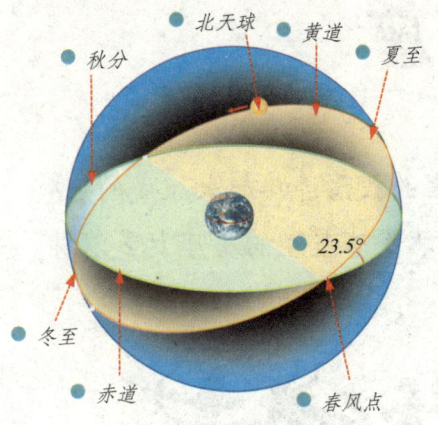

不可或缺的天球

尽管在今天,科学家已经不太提起天球了,但是许多建立在天球上的天文知识仍旧是正确的,因此在天文观测的时候,人们仍在再使用天球这个概念。

天球

天球是人们想象的一层天体结构,天球把所有可见的恒星都包括在内,人们认为这些恒星都是在天球上,一些特定的恒星连接起来,就构成了星座。黄道面与天球相交的大圆就是黄道。

天球的中心

因为我们是在地球上观测星空的,所以地球自然就成为天球的中心。虽然我们认为天球包含了整个宇宙,事实上地球并非宇宙的中心。

知识小笔记

天球仪是一种用于航海、天文教学和普及天文知识的辅助仪器,人们利用它来求解一些实用的天文问题。

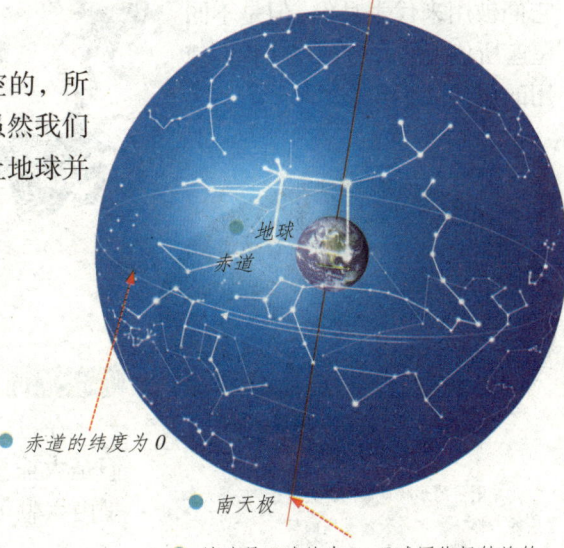

恒星组合——星座

星座是由一些特定的星星在天球上的投影连接起来组成的。这些星座有的像动物,有的像人,北半球星空的星座大多以神话人物和动物命名。

十二星座

天上最有名的星座就是轮流经过我们头顶的黄道12星座了。它们被用来代表月份,但是不同星座所代表的月份和现在我们使用的历法并不吻合。

▲ 地球轨道与黄道12个星座

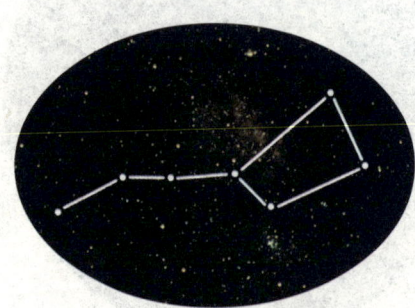

▲ 北斗七星的形状就像一把大勺子,它是大熊星座的一部分,也是大熊星座的标志。

大熊和小熊星座

在星空中还有两个非常著名的星座,它们是大熊星座和小熊星座,其中小熊星座是由六颗可见的星星组成的。

☀ 猎户星座

猎户星座是以古希腊神话中著名的猎人奥瑞温的名字命名的。在冬季里，天空中有 3 颗明亮的星星排成一排，它们就是猎户座的腰带。

note 知识小笔记

现在星空中一共有 88 个星座，它们把星空也分为 88 个区域，其中北天星座一共有 29 个，南天星座有 47 个，赤道和黄道星座有 12 个。

☀ 最大的星座

在天球上，有的星座占的区域很大，比如天龙座，但是它不是最大的星座。星空中最大的星座是长蛇座，它几乎横跨半个天球区域。

▲ 天龙座是一个明显的星座

☀ 王族星座

在北极星附近有一个王族星座群，它们分别是英仙座、仙王座、仙后座和仙女座。这些星座的名称来自古希腊神话中珀耳修斯的故事。

明亮的天空——北半球星空

人类文明起源于北半球，早在文明诞生以前，人们就开始注视和记录北半球的星空，所以现在我们熟悉的星座大多位于北半球的星空之中。

星表

星表是记载各种天体运动参数的表册，在公元前4世纪，我国的一位天文学家石绅就写了《天文》一书，绘制了121颗恒星的相对位置，这是世界上最古老的星表。

星图

为了方便识别星星，天文学家们就把那些明显的星星画成一张图，这样就可以通过对比来识别不同的星星，这样的图就是星图。在很早以前，人们就绘制出了北天星空的星图。

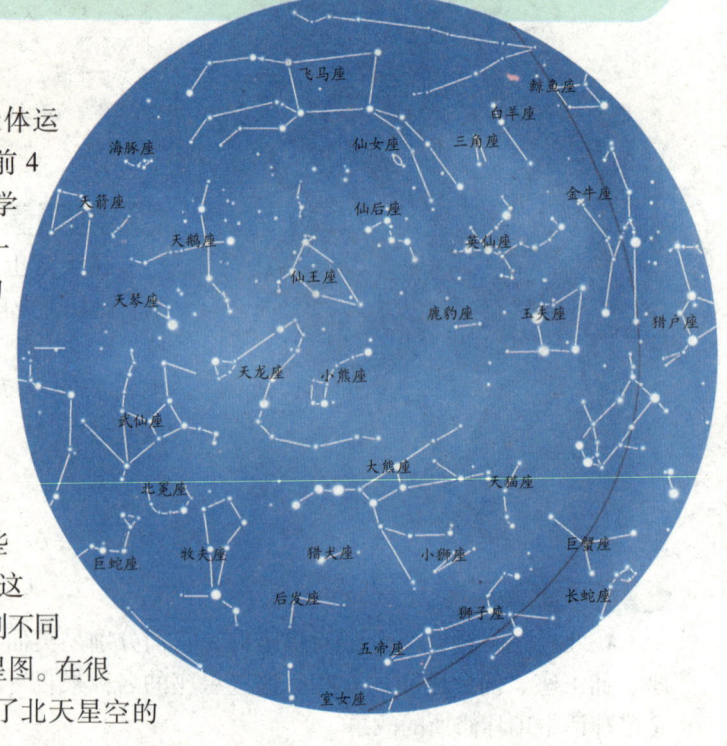

北极星

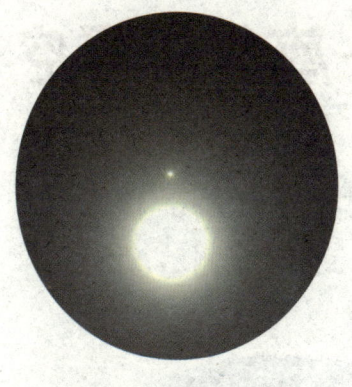

北极星是北天星空中一颗著名的星星,如果在晚上你迷失了方向,那么只要找到北极星,就找到了向北的方向。因为能够指明方向,所以北极星是北天星空中最重要的星星之一。

◀ 北极星最靠近正北的方位,千百年来地球上的人们靠它的星光来导航。

北天星空的明星

在北天星空中,最吸引人注意的明星就是织女星、天津四和牛郎星等亮星。每当夏季到来,北半球天空中的亮星也会变多。

夏季大三角

在夏季,位于银河系附近的天琴座的织女星、天鹅座的天津四及天鹰座的牛郎星会组成一个正三角,这就是著名的夏季大三角。

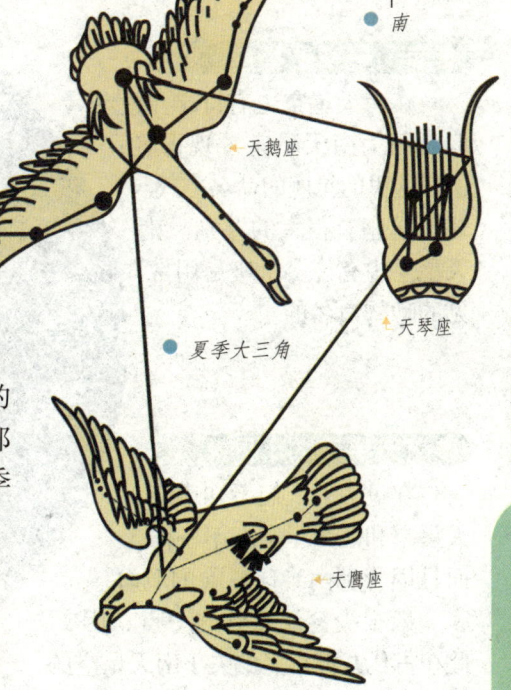

◀ 天鹅座

● 夏季大三角

◀ 天琴座

◀ 天鹰座

知识小笔记

1928年,国际天文学会确定了88个国际上通用的星座。

The North Constellation

Star Sky

不一样的星空——南半球星空

在大航海时代到来之后,南半球星空才被人们重视。17世纪以后,一些天文学家来到南半球,建立起天文观测站,开始记录南天星空的星星。

南天星空的星座

在南天星空也有许多星座。但是因为南天星座发现得晚,所以这里的星座的命名方式与北天星座有很大的差别。南天星空中有许多星座是用常见的动物命名的。

南天星座的不同

在过去,人们不知道南天星空和北天星空大不一样,而且因为到南半球冒险的航海家一般很少会注意到这一点,因此在古代并没有多少关于南天星空的记录。

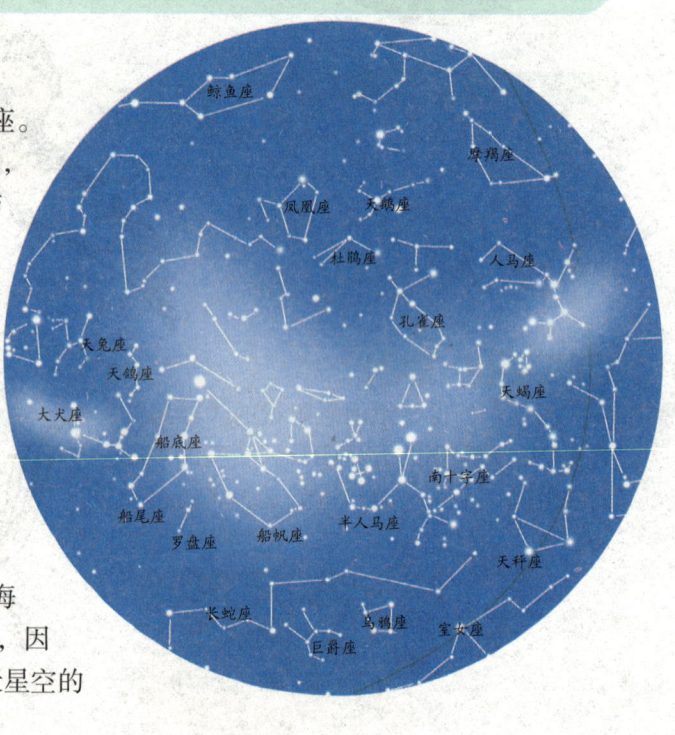

南十字座

南十字座位于半人马座和苍蝇座之间,是全天 88 个星座中最小的一个。人们在北回归线以南的地方皆可看到南十字座的整个星座。

▶ 座内主要由亮星组成十字形,其中的一竖正指向南天极。

知识小笔记

半人马座里有两颗亮星,其中α星在我国古代被称为南门二,是全天第三亮星。

有趣的名字

因为南天星座中有许多是在 17 世纪以后才命名的,因此它们的名字也更接近人类了解的现实世界,比如杜鹃座、望远镜座等。

半人马座

半人马座就是一个位于南半球星空的星座。有时候,靠近赤道的北半球地区也可以看到这个星座。这个星座因为向着银河系中心方向,因此半人马座内有许多明亮的星星。

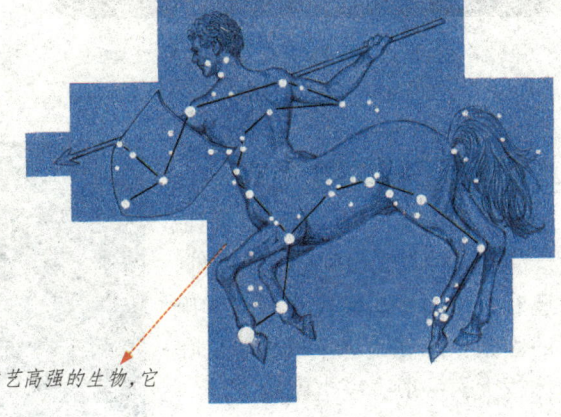

● 在希腊神话中,半人马是一种奔跑迅速,武艺高强的生物,它的形象可怕,常常残害人类。

点点星光——星星的亮度

只要你往星空中看一眼,立刻就会发现这样一个现象:有的星星十分明亮,有的星星比较暗淡,而有的星星几乎看不见。这是因为它们的亮度不一样的缘故,所以在星空中有明亮的星星,也有暗淡的星星。

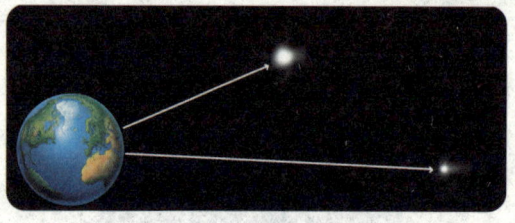

视星等的星等数越小,星星越亮。但这并不能反映恒星本身真正发出的光度大小,因为这里没有考虑恒星的距离。

人眼能看到的星星的亮度

当一个星星的可视星等低于6等后,它发出的光就非常暗淡,以至于我们无法用肉眼看见这颗星星。所以6等是人眼直接观看星星亮度的最低极限。

星星亮度的秘密

星星的亮度除了与它们到地球的距离和发光强度有关系以外,还有一个对星星亮度有很大影响的因素:那就是星星的大小。星体越大,一般亮度也就越大。

眨眼睛的星星

有时我们会看到星空中的星星一闪一闪的，这是因为流动的空气改变了光的传播方向，结果是星星看起来忽明忽暗，就像是在眨眼睛一样。

大气是流动的，因为是流动所以就会引起密度的不同，这样我们就会看到星星随大气一闪一闪。

因为月球上没有大气，所以如果你站在月球上，即使在大白天也能看到天空中的点点繁星。

亮度的增加

有的时候，一些星星因为发生了一些变化，它们的亮度会突然增加，于是原来一些看不见的星星会转变成一颗可以看见的亮星。不过这样的事情可不是每天都能遇到的。

亮度会变的星星

有一些星星会从明亮转变为暗淡，甚至暗到人眼看不见的程度。但是过一段时间，它们的亮度又开始增加，重新转变为明亮的星星，然后再重复以上的过程，这种星星被称为变星。

米拉星是一颗神奇的恒星，它的亮度会变化。当春天到来的时候，米拉星消失了，而到了秋季，米拉星又变成一颗明亮美丽的恒星。

知识小笔记

据记载，古希腊天文学家喜帕恰斯是第一个根据亮度给星星分类的人。

闪耀天际——天空最亮的六颗星

明亮恒星的光芒灿烂无比，它们永远吸引着人类的关注。这些恒星也是人们认识其他恒星的指向标，其中一些恒星的亮度非常高，人们甚至为这些明星排名。现在我们就来看看哪些恒星是天空中最明亮的恒星。

天狼星

天狼星是亮度最亮的恒星，它位于大犬座，视星等为 1.45 等。天狼星亮度如此高，原因有很多，其中最重要的就是它到地球的距离很近，只有 8.6 光年；其次是它体积大，发出的光就多，所以看起来十分明亮。

◀ 天狼星是大犬座α，是全天最亮的恒星。

老人星

老人星距离地球有上百光年，是太阳系附近最强大的恒星。在古代，我国称这颗明亮的恒星为"南极老人星"，因为它的位置偏南，北方看不见这颗星。

● 老人星是南半球船底星座中最亮的一颗星星，据说它的英文名字(Canopus)得名自搭载希腊军队远征特洛伊城的船长。

大角星

大角星距离地球大约有 36 光年，是北天星空中最明亮的恒星。你只要沿着北斗七星的斗柄方向一直找，就可以发现这颗明亮的恒星，找到它也就找到了牧夫座。

● 牧夫座及大角星

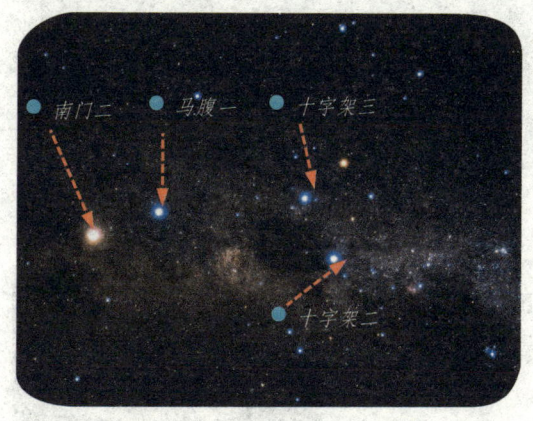

南门二

南门二是离我们最近的亮星，它距离地球有 4.35 光年。南门二实际上是一个由两颗恒星组成的双星系统。

★ 马腹一是半人马座 β 星，距离地球大约有 525 光年，视星等是 0.6 等。因为马腹一和南门二离得近，所以在古代我国称这两颗星为"南门双星"。

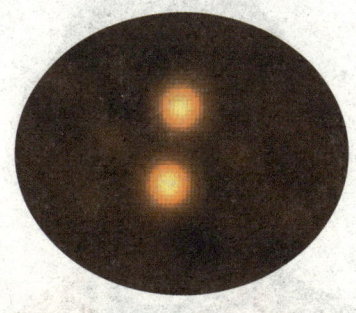

★ 五车二是玉夫座中最亮的α星，在北半天球中，它的亮度仅次于大角星和织女星。

织女星和五车二

织女星是天琴座最亮的恒星，距地球 25.3 光年。而五车二是位于玉夫座的一个双星系统，距离地球 42.2 光年。

知识小笔记

由于织女星的视星等接近零，因此不少专业天文学家会以织女星来作光度测定的标准。

天文巨人——哥白尼

欧洲中世纪末期以后，随着人类生产活动的巨大发展，特别是航海事业的巨大发展，天文研究有了很大的进步。公元1543年，波兰天文学家哥白尼在其著作《天体运行论》中，向世人宣布了太阳是宇宙的中心，改变了天文学发展的方向。

地心说

在古代欧洲，亚里士多德和托勒密主张"地心说"，认为地球是静止不动的，其他的星体都围着地球这一宇宙中心旋转。

▲ 托勒密

▲ 哥白尼

推动地球的巨人

哥白尼于1473年出生在波兰托伦小城的一个商人家庭里。上学期间，他就表现出了对天文学、数学的极大兴趣，并对当时流行的"地心说"理论作了研究。他提出的"日心说"虽然面对重重阻力，但终究科学的力量还是无穷的。

《天体运行论》

1543年，哥白尼的著作《天体运行论》出版。他在书中向人们描述了他认为的宇宙：太阳位于宇宙的中心，有五颗当时已知的行星和地球围绕太阳旋转。这一理论彻底地改变了人类对宇宙的认识。

知识小笔记

直到1822年罗马教廷才颁布教令，承认了哥白尼的"日心说"。

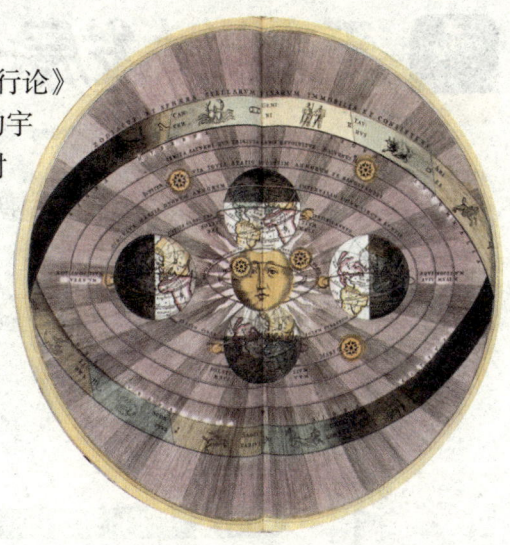

哥白尼的著作《天体运行论》中还描述了太阳、月球、三颗外行星（土星、木星和火星）和两颗内行星（金星、水星）的视运动。

布鲁诺

布鲁诺捍卫真理

哥白尼的日心说出来以后，宗教势力不断地压制和诋毁日心说。布鲁诺在了解了日心说以后，不仅很快接受了这个相对来说比较正确的学说，而且还发展了日心说，指出了太阳也不是宇宙的中心。由于布鲁诺热心于发展和传播日心说，所以遭到了宗教势力的迫害，最后被烧死在罗马的百花广场。

天文学大发展——伽利略的发现

伽利略是意大利文艺复兴后期伟大的天文学家、物理学家、力学家和哲学家,也是近代实验物理学的开拓者。他第一次用科学实验的方法将数学、物理学和天文学三门知识贯通起来,还创立了研究自然科学的新方法,因此被称为"近代科学之父"。

◉ 刻苦钻研的伽利略

1564年伽利略在意大利的比萨城出生,17岁时考入了比萨大学。他在学习上有着特殊的钻研精神,正是凭借着这种精神,他在21岁时就被人们称为"当代的阿基米德";25岁时,被比萨大学破例聘为数学教授。

知识小笔记

1979年,梵蒂冈教皇保罗二世代表罗马教廷为伽利略公开平反昭雪。

◉ 发明天文望远镜

1609年,伽利略听说荷兰人发明了望远镜。虽然他对这种装置了解不多,但凭借着自己独特的天赋,很快就亲手制成了一台在当时特别高级的望远镜。有了这台望远镜,他就可以利用自己的观察才能,探索太空。

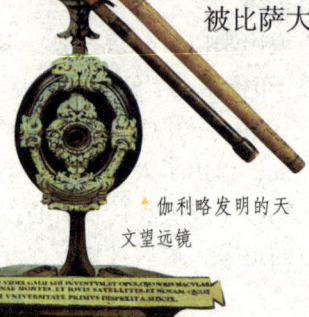

▲ 伽利略发明的天文望远镜

天体观测

伽利略通过观测，不仅发现了一些物体运动的规律，而且还绘制了第一幅月面图，并发现了木星的四个卫星。伽利略通过总结自己的发现，提出了行星绕太阳运动，卫星绕行星运动的观点，支持了哥白尼的学说。

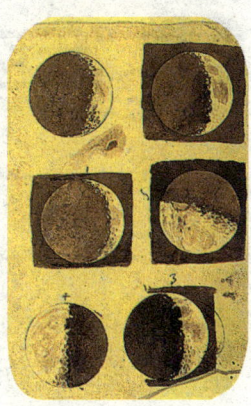

▶伽利略手绘月相图

▲伽利略认为下落速度与重量无关，所有物体下落速度都相同。上图为他在比萨斜塔演示"两个铁球同时落地"的实验。

自由落体

1590年，伽利略在比萨斜塔上做了"两个铁球同时落地"的著名实验，从此推翻了亚里士多德"物体下落速度和重量成比例"的学说，纠正了这个持续了1 900年之久的错误结论。

惨遭迫害

由于伽利略支持哥白尼的日心说，遭到了宗教法庭的恐吓。1633年2月，宗教法庭把伽利略传到罗马，宣判伽利略有罪，并责令他忏悔，放弃自己证明了的学说。不过，他在生命的最后几年里仍努力研究。

▶这幅油画描绘了伽利略受审的情景

"天空立法者"——开普勒

约翰·开普勒是德国近代著名的天文学家、数学家、物理学家和哲学家。他是继哥白尼之后第一个站出来捍卫太阳中心说,并在天文学方面有突破性成就的人物,被后世的科学史家称为"天空的立法者"。

求学之路

开普勒1571年12月27日出生在德国。在他小的时候,由于身体不好的缘故,学习也受到了一定的影响,他就花费比别人更多的时间和精力在学习上,大学毕业后他就受聘为奥地利格拉茨大学的数学系教授。

第谷与开普勒

当时,丹麦著名的天文学家第谷十分重视开普勒,他热情地邀请开普勒到自己身边工作。后来第谷又保荐开普勒为皇家数学家,师生两人就这样共同投入了研究行星运动的工作。

第谷与他的六分仪观测器

揭开宇宙奥秘

第谷去世后,开普勒利用他遗留下来的资料,经过 30 年的努力,推算火星轨道,终于揭开了宇宙的奥秘。他的开普勒第一定律把哥白尼的"日心说"理论向前推进了一大步。这个定律认为每个行星都在一个椭圆形的轨道上绕太阳运转,而太阳位于这个椭圆轨道的一个焦点上。

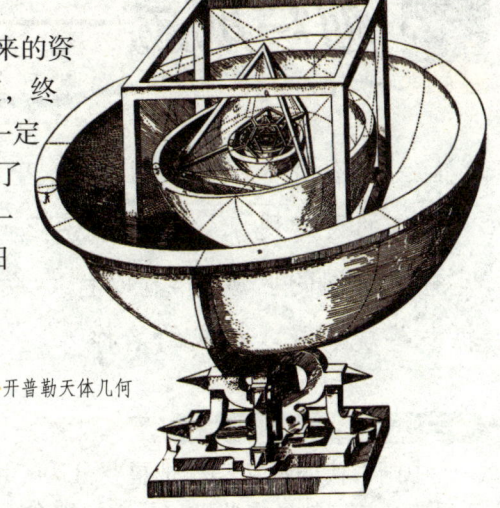

▶开普勒天体几何

知识小笔记

开普勒编写的《鲁道夫星表》可以知道行星的位置,其精度比以前的任何星表都高,直到 18 世纪中叶,它一直被视为天文学上的标准星表。

开普勒定律

开普勒定律统称"开普勒三定律",也叫"行星运动定律",是指行星在宇宙空间绕太阳公转所遵循的定律。

深远的意义

开普勒三大定律不仅适合于火星轨道,也适用于其他大行星、小行星和周期彗星,还适用于行星系统中的卫星、人造地球卫星类的人造天体。此外,这些定律还可用来研究遥远恒星世界中的双星系统。

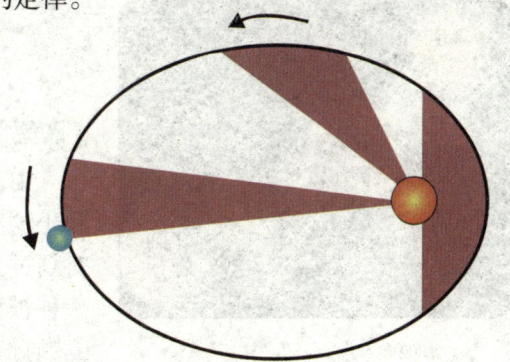

令孩子着迷的100个宇宙奥秘

灿烂成就——中国古代天文

中国有着5 000年的历史，中国古代的科学家们记录下了丰富的天文现象资料。像现在一样，中国古代天文学家们也把天空分成不同的区域，并冠以特定名称，对于一些明亮的恒星，也会根据一些规则冠以相应的名称。

三垣二十八星宿

中国古代的天文学家把星空分为三垣二十八星宿，三垣就是指紫微垣、太微垣和天市垣；二十八星宿则是指环绕着地球赤道天区分布的一些标志性恒星组成的区域，这些大小不一的区域被称为宿。

▲ 在中国古星系统中，紫微垣是临近北天极的中央天区，故有紫微垣之称。该图为敦煌星图中的紫微垣。

五大行星

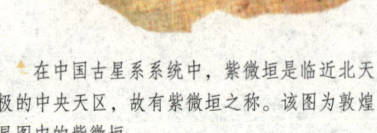

中国古代很早就记录了金、木、水、火和土这五颗行星，并且还记录下了它们运行时划过天球的轨迹。在古代记录的天象中，有一种被称为"五星连珠"的天象，就是指这五颗行星在天空中排成一列的情景。

▲ 2002年5月20日的"五星连珠"

彗星

彗星也是经常出现在中国古代天文记录中的一种天体，在《淮南子》中就有武王伐纣时遇到彗星的记录。而古代中国的天文学家更是对哈雷彗星持续观测了2400多年，记录了32次哈雷彗星的出现。

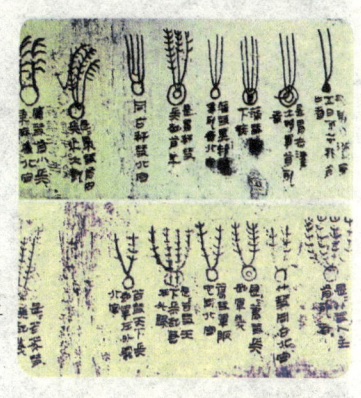

▶长沙马王堆汉墓中出土的帛书上绘制的彗星图

《甘石星经》

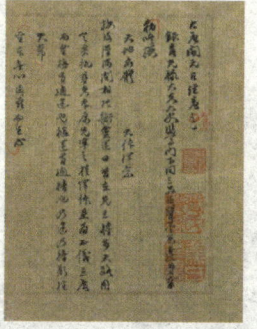

▶《甘石星经》在宋代失传，今天只能从唐代《开元占经》里见到它的片段摘录。

在春秋战国时期，我国天文学家甘德写有《天文星占》八卷，石申写有《天文》八卷，后人把这两部著作合为一部，称为《甘石星经》。据记载，这是世界上最古老的天文学著作。

知识小笔记

我国古代还有许多关于流星雨的记录，《五代史》中就记载了发生在公元931年10月16日的一次流星雨，描述流星在天空中"交流而陨"的现象。

历法

我国古代的历法都是通过观测天体的运行来制定的，这些天体主要是太阳和月亮。现在仍旧在使用的农历就是根据月球的运行制定出来的，同时添加了一系列的规则来完善这个历法。

立春	雨水	惊蛰	春分	清明	谷雨
立夏	小满	芒种	夏至	小暑	大暑
立秋	处暑	白露	秋分	寒露	霜降
立冬	小雪	大雪	冬至	小寒	大寒

令孩子着迷的100个宇宙奥秘

令孩子着迷的 100 个宇宙奥秘

茫茫宇宙

无论你能看到多远,你都看不到宇宙的外面,因为宇宙非常大,如果宇宙不再增大,那我们现在以最快的光速从地球出发,也要跑 140 亿年,才能到达宇宙的边缘。

浩渺无边——宇宙太空

对人类来说，宇宙就像是一个无穷无尽的秘密宝箱。这些神秘现象吸引着人类来探索宇宙，了解宇宙，人们也初步揭开了一些宇宙的秘密。但是这远不是尽头，宇宙中还有更多的秘密等着你去发现，在瑰丽的天象背后总是会有许多答案在等着我们。

神话中的宇宙

在古代中国，人们认为宇宙本来是混沌一片，像一个蛋一样。后来盘古把这个蛋劈开了，于是宇宙就诞生了。在其他民族的神话中也认为宇宙是神灵创造的。

▶神话中的盘古开天辟地

多种多样的组成形式

组成宇宙的天体在形态上是多种多样的，其中包括密集的星体状态；松散的星云状态；辐射场的状态，等等。各种星体的大小、质量、密度、光度、温度、颜色、年龄等性质各有不同。

令孩子着迷的100个宇宙奥秘

渐进的认识

起初,人们认为宇宙只包括太阳系。但是随着科学的发展,人们认识到太阳也只是天空中数以万计的恒星中的一颗。于是,宇宙在人们心目中扩展到了银河系。到了近代,宇宙的范围又逐渐扩展到了银河系以外。

宇宙的大小

虽然宇宙之大难以想象,但是科学家相信它是有限的。当我们向太空里面看时,我们处在可观察到的宇宙的中心,这部分宇宙在每个方向上都延伸了130亿光年。我们所能观察到的宇宙也只不过是沧海一粟。

知识小笔记

据估计,现在我们发现的宇宙区域中大约有1000亿个星系。

变化中的宇宙

宇宙中唯一不变的就是变化本身。宇宙中所有的事物都在按照自身的规律变化。太空中的恒星也有生命,它们也在不断变化。对于宇宙来说,它也是在不断地变化的,至少现在我们知道宇宙在不断地膨胀。

万物之源——宇宙起源

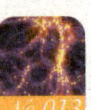

面对看不到边际的宇宙,我们都会发出这样一个疑问:宇宙是怎么诞生的?在今天,科学家寻找证据用来证明宇宙诞生的最可能方式。

神创说 >>>

在古代,人们认为宇宙是某一个至高无上的神创造的,而且人类在宇宙诞生后不久就出现了,比如古代犹太人认为上帝在第一天创造了宇宙,而在第六天创造了人,这显然与事实相悖。

知识小笔记

美国科学家通过卫星探测后得知,宇宙背景温度为2.73K,大约是−270.42℃。

大爆炸学说 >>>

到了20世纪40年代,在已有的基础上,美国核物理学家伽莫夫结合当时的核物理理论,提出了宇宙起源于大爆炸的假说,其中最重要的两条就是:氢元素和氦元素在宇宙中的丰度以及宇宙大爆炸残存的辐射。

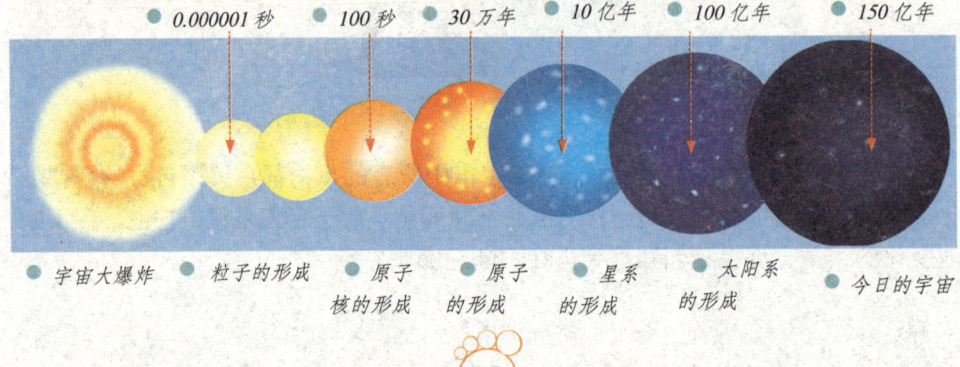

0.000001秒 — 100秒 — 30万年 — 10亿年 — 100亿年 — 150亿年

宇宙大爆炸 · 粒子的形成 · 原子核的形成 · 原子的形成 · 星系的形成 · 太阳系的形成 · 今日的宇宙

有限的宇宙

宇宙大爆炸理论是以宇宙膨胀整个事实为基础的,因为物质的传播速度是有限的,而宇宙的寿命也是有限的,因此由这个理论自然而然地得出一个结论,那就是宇宙是有限的。

关于宇宙的结构,中国的天圆地方学说认为,天是圆形的,像一把张开的大伞覆盖在地上;地是方形的,像一个棋盘,日月星辰则像爬虫一样过往天空。

1965年,物理学家彭齐亚斯与威尔逊检测到宇宙微波背景辐射,1978年,两人同获诺贝尔物理学奖。

难题

人们对宇宙一直有两种看法,一种认为宇宙是无限大的,另外一种认为宇宙是有限的。但认为宇宙是有限的人会遇到一个难以解答的问题:如果宇宙有限,那它的外面是什么?

背景辐射

大爆炸理论还认为宇宙大爆炸以后,因为膨胀而降温,不过直到今天这个温度都没有降低为零,所以宇宙中就会存在一个背景辐射,后来这个背景辐射在一次偶然中被检测到了。

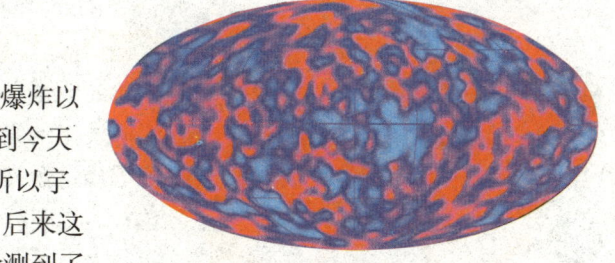

宇宙背景探测器拍摄的宇宙微波背景辐射图片,图中蓝色区域为宇宙大爆炸后较冷的地区。

有限无界——膨胀的宇宙

自古以来，人们就相信宇宙是静止的，它既不会变得越来越小，也不会变得越来越大，但是这种观点在 20 世纪的时候被哈勃改变了，他用实际观测证实了远处的星系都在远离我们，换而言之，我们所处的宇宙空间在膨胀。

◎ 多普勒频移 >>>

如果你坐在一列火车上经过一个轰鸣的工厂，当接近工厂的时候，你会觉得工厂的噪声很尖锐，当火车远离工厂的时候，你会觉得噪声变得低沉，这就是多普勒频移效应。奥地利物理学家多普勒第一个从理论上推导并解释这种现象发生的原因。

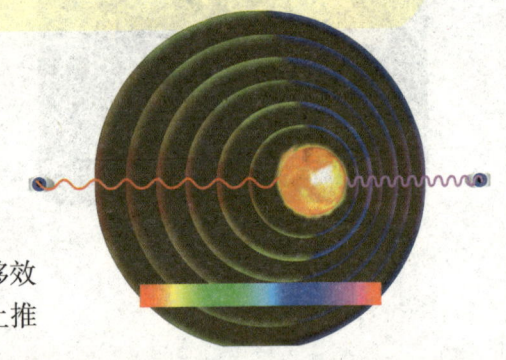

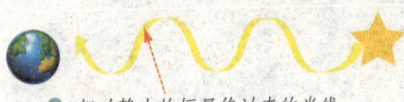

● 相对静止的恒星传过来的光线

● 向外运动的恒星传过来的光线

◎ 光谱红移 >>>

光波也存在多普勒频移效应，比如某个光源发出的光是黄色的，但是当你以某个速度远离这个光源的时候，你会看到它变成红色，这也叫红移现象。多普勒提出频移理论实际上就是为了寻找天体的运动对光的颜色的影响。

加速膨胀的宇宙

后来天文学家的观测证实了哈勃的推测，即宇宙现在的确是在膨胀，而且新的观测表明宇宙的膨胀速度还在增加，也就是说宇宙是加速膨胀的。

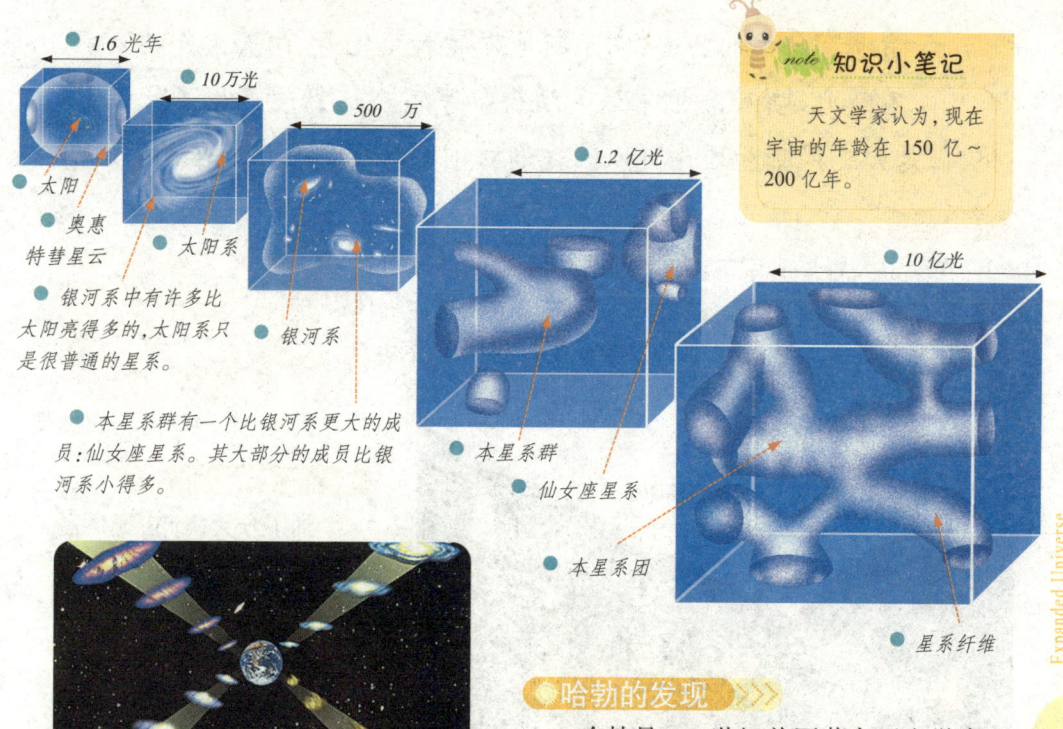

知识小笔记

天文学家认为，现在宇宙的年龄在 150 亿～200 亿年。

1929年，哈勃发现河外星系的视向退行速度与距离成正比，即距离越远，视向速度越大。这个速度—距离关系叫做哈勃定律，也叫哈勃效应。

哈勃的发现

哈勃是 20 世纪美国著名天文学家，他利用天文设备观测，发现离地球很远的天体的光谱都有红移现象，因此他认为这些天体都在远离我们而去，由此他推测整个宇宙在不断地膨胀。

生生不息——宇宙的未来

宇宙也有自己的历史，它不断地发展和变化着，向着未知的未来不断地延伸，我们永远无法得知宇宙在这期间产生了什么变化，但是天文观测和理论可以让我们对宇宙的历史有个简单的了解。

蓝色时期

在宇宙大爆炸后宇宙不断地膨胀，宇宙的温度也在急剧降低。这个时期宇宙的物质是处于气态，这些气体沉浸在蓝色的背景辐射之中，就像在蓝色海洋里游动的微生物一样。

知识小笔记

天文学家认为宇宙的外形是凹凸不平的。

今天的宇宙

到了今天，宇宙诞生后大约137亿年，宇宙的背景辐射已经降低到微波阶段，不过幸好还存在恒星，所以宇宙不至于一片黑暗。

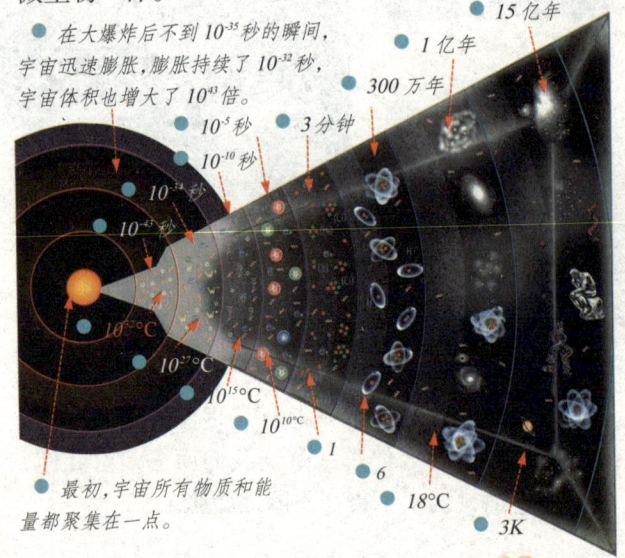

- 在大爆炸后不到 10^{-35} 秒的瞬间，宇宙迅速膨胀，膨胀持续了 10^{-32} 秒，宇宙体积也增大了 10^{43} 倍。
- 最初，宇宙所有物质和能量都聚集在一点。

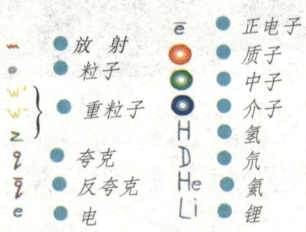

飘忽不定——星际气体和物质

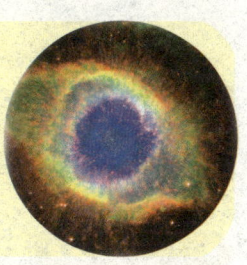

人都知道在我们的地球包裹着空气,而星际介质就像宇宙中的空气一样,包裹着各种天体,它们包括各种物质,比如微尘、星际分子、电磁场和引力场。

▲美国航空航天局公布了迄今为止最大和最详细的星际物质的照片——旋涡星云的合成照片

▲NGC7635气泡星云看起来像是一个漂浮在由星球与气体组成的宇宙海里的气泡。

飘忽不定的星际物质

星际物质就像宇宙的流浪汉一样,飘忽不定。单独的星际介质的质量十分轻微,但是它整体的质量却大得惊人,只要条件合适,它就可以形成星云;星云又可以形成恒星。因此,这些微乎其微的星际物质才是硕大星体的真正来源。

星际物质成分

科学家们发现星际物质中的主要成分是气体氢和氦以及占很小比例的其他物质,顺次为氧、水、氨和甲醛。此外,还有一些成分不定的尘埃粒子。最后,还有穿行于星系之间的各种宇宙射线以及各区域都具有的引力场和电磁场。

知识小笔记

宇宙尘埃是地球上的第四大尘埃来源。据估计,平均每一小时都会有约1吨重的宇宙尘埃进入地球。

神秘物体——暗物质和暗能量

我们时刻被它们包围着,但是却无法感知它们,它们就像躲在没有光明的黑暗中一样,所以我们称之为暗物质和暗能量。暗物质和暗能量也是科学家探测的重点。

暗物质

在宇宙中我们能观察到许多物质,它们或者发光,或者反射光,总之我们能探测到它们。但是有一些物质却无法看到,这些物质控制着大型天体的运动,对于这些天体来说,这种被称作暗物质的物质是非常重要的。

↑ 在星系团的碰撞中,暗物质因为移动缓慢而被抛了出来,所以被观测到。

↑ 暗物质促成了宇宙结构的形成,如果没有暗物质就不会形成星系、恒星和行星,也就更谈不上今天的人类了。

重要的暗物质

虽然暗物质暂时还不能直接探测到,但是它却非常重要,在暗物质的帮助下,早期的物质开始凝聚在一起,形成我们今天见到的各类天体。据估计,宇宙中的暗物质总量是可见物质总量的24倍。

暗能量

虽然引入了暗物质，有些问题仍得不到解释，所以科学家又引入暗能量。如果利用爱因斯坦的质能关系式，把所有物质转化为能量，那么宇宙中暗能量是暗物质能量和可见物质能量总和的2倍多。

反重力

许多研究者都在研究反重力，他们想要利用暗能量来制造飞行器，这样就不用花费任何燃料在宇宙中飞行了，但是这里面同样有着难以克服的困难。

➤ 2008年发射精度更高的普郎克卫星，它将对早期宇宙的理论和宇宙结构的起源进行更精确的测试。

知识小笔记

1930年初，瑞士天文学家兹威基发表了一个惊人的结果：在星系团中，看得见的星系只占总质量的1/300以下，而99%以上的质量是看不见的。

暗能量的神奇作用

物质之间存在相互吸引的万有引力，为了符合现在观测到的宇宙事实，因此暗能量必须具备一种神奇的作用，它可以抵抗物质之间的万有引力，使它们互相分离。不过这种反引力作用在近距离的时候非常微弱。

➤ 阿蒙森-斯科特南极站的角度度量干涉仪（DASI），2002年首次观测到了宇宙微波背景辐射的极化现象。

令孩子着迷的100个宇宙奥秘

星 系

到了夏季,每当我们仰望星空,会发现一条虚无缥缈的银带横穿天宇,这就是银河系。在宇宙中有许多星系,其中大部分星系的结构和银河系颇为相似。对于一些奇怪的星系,更是神秘莫测,这些星系的形状和结构都吸引着人们去探索,去揭开这些秘密。

庞大繁杂——星系

横贯天际、蔚为壮观的银河，实际上是由许多颗星星组成的。在天文学中，我们把这种由千百亿颗恒星以及分布在它们之间的星际气体、宇宙尘埃等物质构成的，占据了成千上万光年空间距离的天体系统叫做"星系"。

原始星系的形成

当宇宙从猛烈的爆炸中产生时，大量的物质被抛射到空间中，形成宇宙中的"气体云"。这些气体云在各种力的作用下开始凝聚，并慢慢形成不同的星体，这些星体在重力的吸引下形成更大的天体，那就是原始星系。

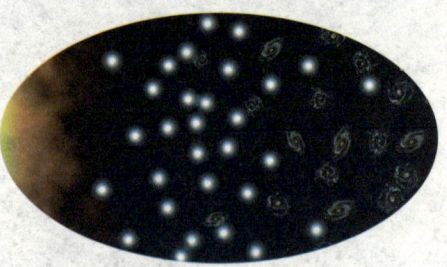

▲"幼年期"的星系在宇宙中慢慢形成

其他星系

银河系并不是宇宙中唯一的星系，通过各种方法，人们观察到的星系已经有好几万个了！不过，由于距离太遥远，它们看起来远不如银河系那么壮丽。

▲上图为著名的《哈勃深空》照片，展示了1 000多个在宇宙形成后不到10亿年内形成的年轻星系。

- 数10亿颗年老的恒星使得星系中心显得很大,其中的很多亮点实际是球状星团。

星系核

每个星系都有自己的物质集中区域,这个区域就是星系核,不过星系核不一定在整个星系的中心。对于大部分星系来说,它们都具有明亮而清晰的星系核。星系核对于星系十分重要,它们是稳定星系的主要结构。

星系旋臂

每当提起星系,我们就不由得想到星系有长长的旋臂,实际上并不是每个星系都有旋臂。旋臂一般以螺旋线形状围绕着星系核,一端连着星系核,一端延伸向宇宙深空。

运动的星系

星系和它内部的恒星都在运动中,对于一个规则的星系而言,其中恒星大多是在围绕一个固定的中心旋转,有时候它们也会受到其他恒星的吸引,轨道稍微发生变化。

◀ 宏伟的阔边帽星系很像一顶帽子,它正好侧对着我们,除了中心众多的亮星外,还有一条显著的暗色带子穿过星系盘的中心。

旋臂

- 星系核是星系的中心部分,一般具有高密度的星体和气体以及一个超大质量的黑洞。

变化万千——星系的形状

和地球上我们常见的物体一样,天体也有自己的形状,星系也是如此,直到今天我们还不能在宇宙中找到两个外形完全一样的星系,但是我们却可以根据星系结构上的相似之处,把星系分成几类,这种分类和星系的形状有着莫大的关系。

不同形状的星系

如果你有一架可以看到许多星系的望远镜,那么你就会看到这些星系都有着自己独一无二的形状。根据形状,可以把这些星系大概分为椭圆星系、旋涡星系、棒旋星系和不规则星系。

椭圆星系

有一些星系没有旋臂,内部的物质紧密地聚集在一起,这样星系的外形就成为椭圆形,因此叫做椭圆星系。

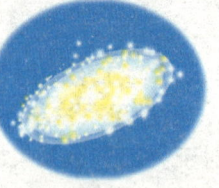

↑ 椭圆星系大多数是老星球,呈球状或蛋状。

↑ 旋涡星系呈扁平状,中间是老恒星组成系核,旋臂中的气体云形成新的恒星。

↑ 棒旋星系核心细长呈棒状,旋臂从棒核尾端向外延伸。

↑ 不规则星系没有特定的形状

棒旋星系

棒旋星系的星系核像一个长长的棒子,在这个棒状的星系核的两端是两条长长的旋臂。在宇宙中棒旋星系到处可见。

旋涡星系

那些有着近似圆形的核心区、周围围绕着数层旋臂的星系就是旋涡星系。旋涡星系是一类非常巨大的星系,这种形状的星系中大部分物质都集中在很小的星系核里,一般有两个长长的旋臂。

↑一个典型的棒旋星系

不规则星系

在宇宙中还存在一些形状奇特的星系,这些星系的外形变化多端,很少有相似之处,这一类星系被称为不规则星系。

↑旋涡星系

漫漫里程——星系有多远

虽然宇宙中并不缺少星系,但是这些星系距离我们都非常遥远,因此仅仅依靠肉眼是看不到多少星系的,现在我们来看看一些星系都在何处,它们距离我们都有多远。

不平静的宇宙

虽然宇宙空间广阔无边,但是星系之间依然会发生碰撞,因为星系之间也存在着万有引力。星系碰撞的现象在宇宙中并不少见,碰撞的结果一般是出现一个新的、更加巨大的星系。

▲ 星系相撞形成的弥漫星云

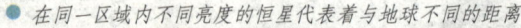

● 在同一区域内不同亮度的恒星代表着与地球不同的距离

测量星系的距离

因为星系离我们太远了,所以我们不能用普通的方法来测量星系到地球之间的距离,天文学家根据星星亮度的变化来测量星系的距离。

令孩子着迷的100个宇宙奥秘

● 天文学家认为，车轮星系原本是一个像银河系般的螺旋星系，因为与另一星系相撞，才变成今天的车轮状。

车轮星系

车轮星系在玉夫星座方向一个距离地球有5亿光年远的地方，这个星系因为在很久以前被撞击过，因此变成了类似车轮的形状。

最远的星系

依靠着先进的观测设备，人类现在已经看到了129亿光年以外的一个星系，这也是目前人类发现的最远的星系。

知识小笔记

目前人们观测到的星系有10亿个之多。

● 宽边帽星系

宽边帽星系

在室女座方向有一个类似宽边帽子的星系，虽然它距离我们有2800万光年，但是它比较大，所以用一架小型天文望远镜就可以看见这个星系。

How Far is Galaxy

Galaxy

银色天河——银河系

自古以来，人们就在夏季的星空中看到一条银色的带子贯穿整个天空，就像银色的河一样，于是就称之为银河。到了近代，天文学家观测发现了银河的许多秘密，于是银河有了新的名字，就是银河系。

▲ 在地球上看，银河系就像挂在天上的一条长长的河。

银河系的发现

虽然银河系直接可以用肉眼看见，但是人类却花了很长时间才认识银河系。在望远镜被发明以后，天文学家利用天文望远镜，发现银河是由数不清的星星组成的。

▲ 伽利略用望远镜观测银河，发现银河是由恒星组成的。

银河系的形状

在地球上看，银河系就像挂在天上的一条长长的河。银河系的中心天体密集，因此鼓了起来，而边缘的星体和物质很少，因此是扁的。

▲ 旋臂由炙热、发着蓝光的年轻恒星组成，这使其非常明亮。

知识小笔记

银河系的直径大约有10万光年，中心区域最厚的部分有3 000～6 500光年。

银河系的结构

银河系是一个巨型旋涡星系，它由银心、银晕和银盘构成。由银心向外扩展出四条巨大的螺旋状臂膀，它们环绕着银心，组成了银盘部分；银晕由年轻的恒星组成，它紧紧地包围着银盘。

银心之谜

银河系的中心聚集着大量的物质，而且现代的射电望远镜也能探测到来自银心的很强的电磁辐射，一些科学家推测：这里可能有一个巨大的黑洞。

银河系的居民

银河系就像一个国家，由许多不同大小的区域组成。这些区域是由恒星、行星、卫星、彗星、流星体，还有其他的一些宇宙物质组成。

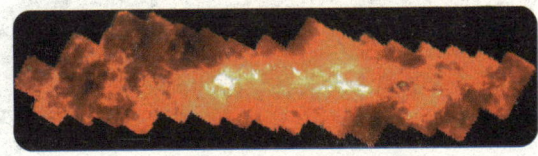

▲ 银河系的银心活动剧烈，可能是因为新恒星在不断地形成，也可能是气体在涌向黑洞时释放出巨大的能量。

银河系的邻居——河外星系

在浩瀚的宇宙中，像银河那样的星系数以亿计。银河系只是一个普普通通的星系，天文学上把除银河系以外的其他星系称为河外星系。目前人类观测到的宇宙中大约有10亿多个星系。

宇宙岛

19世纪时的天文学家希望在宇宙中找到容纳大量恒星的宇宙岛，但是因为技术和知识的限制，他们没有找到这些宇宙岛。到了20世纪，人类像发现新大陆一样，发现了宇宙岛，它们就是河外星系。

河外星系

M101是Sc型旋涡星系

星云和星系的误会

在历史上，人们曾一度把河外星系和星云当做同一种天体，因为河外星系看起来是一片雾气，跟星云简直一样，当然今天我们知道河外星系和星云完全是两码事。

☀ 星系的大小差异 ▶▶▶

星系的大小差异很大，椭圆星系的直径在几千万光年至数十万光年之间；旋涡星系的直径一般在 1.6 万～16 万光年之间；不规则星系直径一般在 650～29 000 光年之间。

➤ 质量最小的矮椭圆星系和球状星团相当，而质量最大的超巨型椭圆星系可能是宇宙中最大的恒星系统。

☀ 星系的分布 ▶▶▶

在宇宙空间中，星系分布在各个方向上都差不多一样，分布得十分均匀，但是从小区域看，星系的分布又是不均匀的。由于互相吸引，星系也有成团集聚的倾向。

▲ 成团集聚的星系

☀ 永不停息的探索 ▶▶▶

直到今天，河外星系依旧是天文学家关注的重点天体，也是天文爱好者寻找的目标，人类对河外星系充满了好奇心，希望得到更多关于河外星系的信息，这是一场永不停息的探索。

note 知识小笔记

星系质量一般在太阳质量的 100 万～10 000 亿倍之间。

宇宙镜子——仙女座星

在仙女座里有一颗亮度大约是三等的星星,到了近代,科学家用望远镜发现它是一个模糊的像云雾的天体,因此就称它为仙女座大星云。

星云变星系

随着观测技术的发展,科学家发现仙女座大星云并不是平常的星云,它内部有许多恒星,因此认为它是一个星系。

▲ 仙女座大星系是唯一一个能用肉眼在北半球观察到的星系。它距离地球其实十分遥远,它发出的光需要220万光年才能到达地球。

大小和距离

仙女座星系距离我们有220万光年的距离,它本身也非常巨大。如果我们驾驶一艘以光速飞行的宇宙飞船,也要花16万年时间才能横穿这个星系。

◀ 在梅西叶星表中,仙女座星系是第31号天体,称为M31。

知识小笔记

很早以前天文学家就发现了仙女座星系,法国天文学家梅西叶在1764年8月3日为它编号。

物质和结构

在仙女座星系里有大量的恒星,到处充满了星际气体和宇宙灰尘。在仙女座星系的明亮星系核外面有着长长的旋臂。

仙女座旋臂

无法看清楚的邻居

虽然仙女座星系是距离我们地球最近的大星系,可以说是我们的邻居,但是我们却很难看清楚它,因为它侧对着我们。

一面镜子

仙女座星系还像一面镜子一样。科学家通过研究仙女座星系,可以了解我们所在的银河系的大概样貌。

明亮闪耀——椭圆星系

椭圆星系的形状是椭圆形，它的中间大部分区域十分明亮，只有边缘小部分比较暗淡。椭圆星系也有不同，根据椭圆星系形状的不同，它们被分为八种小类型。

波江座的椭圆星系

波江座的这个椭圆星系的代号为 NGC 1700，它是一个年轻的椭圆星系，距离我们有 1.6 亿光年。这个椭圆星系比银河系稍微小一些，看起来非常明亮，一架小型望远镜就可以看见它。

椭圆星系 M 87

因为在梅西叶星表中排第 87 位，所以这个椭圆星系被命名为 M 87。M 87 位于室女座方向，是一个比我们银河系还要巨大的椭圆星系。这个星系内有非常多的恒星，尤其是在星系中心，恒星非常多，一些天文学家认为这里存在黑洞。

知识小笔记

关于椭圆星系的形成，有一种星系形成理论认为，椭圆星系是由两个旋涡扁平星系相互碰撞、混合、吞噬而成。

椭圆星系 M 110

梅西叶星表中的第 110 号天体也是一个椭圆星系,它被称为 M 110。M 110 非常的小,只是仙女座大星系的一个卫星而已。在 M 110 椭圆星系里有许多灰尘,这些灰尘是形成新恒星不可缺少的材料。

椭圆星系 NGC 1316

NGC 1316 是一个位于天炉座的椭圆星系,它距离地球有 7 500 万光年,直径有 6 万光年,是银河系的一半多。这个星系中也飘散着大片的灰尘云,因此也可能是两个星系相互合并而成的。

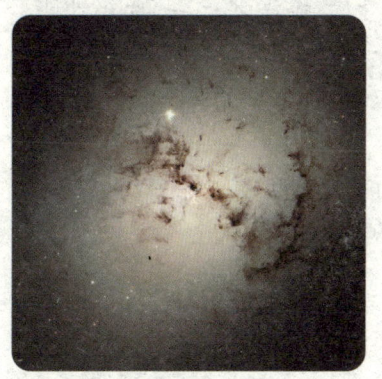

▲ 椭圆星系 NGC 1316

半人马座 A

半人马座 A 是一个十分出名的椭圆星系,它明亮的星系核被一层厚厚的灰尘遮挡住。星系内新生的恒星辐射出大量的射线,这可能预示着半人马座 A 星系是由两个星系合并而成的。

扁平状星系——旋涡星系

旋涡星系是宇宙中最常见的一种星系,它的中心区域像是透镜星系的形状,周围围绕着扁平的圆盘,从隆起的星系核两端延伸出若干条螺线状旋臂,叠加在星系盘上。旋涡星系一般要比其他类型的星系大。

旋涡星系的分类

根据形状上的差异,旋涡星系也被分为更细的三种类型,第一类用 Sa 表示,第二类用 Sb 表示,第三类用 Sc 表示,它们的主要区别就在星系核的形状上。

▲ 第三类旋涡星系

▲ 第一类旋涡星系

▲ 第二类旋涡星系

▲ NGC3623 是一个旋涡星系

第一类旋涡星系

第一类旋涡星系,也就是 Sa 型旋涡星系,这类星系的星系核区域在星系中占的面积比较大,星系物质分散稀疏,旋臂紧紧地卷在星系核上。

▲ Sb 型中心区较小，旋臂开展。

第三类旋涡星系

第三类旋涡星系标示为 Sc 型，这类星系的星系核狭小而又明亮，长长的旋臂从狭小的星系核上延伸出来，占据了星系的绝大部分区域，旋臂之间有许多空间，其中的物质十分稀少。

▲ Sc 型中心区成为一个小亮核，旋臂松弛。

第二类旋涡星系

第二类旋涡星系用 Sb 来表示，它的星系核稍微小一些，物质显得更集中。与此相对的是，第二类旋涡星系的旋臂依然围绕着星系核心，但是与星系核的距离要大一些。

note 知识小笔记

1845 年，爱尔兰的威廉·帕森斯伯爵在比尔城堡用自制的大望远镜首次观测到旋涡星系。

星系晕

如果你看一个旋涡星系，就会发现这个星系看起来有一些模糊，这是因为星系晕的缘故。在旋涡星系的边缘围绕着一层稀疏的物质，这些物质笼罩在星系的边缘，于是就形成了星系晕。

形状奇特——棒旋星系

棒旋星系也是一种螺旋星系,它们拥有明亮的星系核和星系盘,拥有与星系核相连接的旋臂,它们的星系盘是一个细长的棒状结构,所以它们被分成一类,用SB来表示,意思就是棒状螺旋星系。

稀少的棒旋星系

直到今天还没有人知道棒旋星系的具体数量,但是有一点可以肯定:它们在宇宙中的数量很少。

棒旋星系 SBa 类型

棒旋星系 SBb 类型

棒旋星系 SBc 类型

不同的棒旋星系

棒旋星系也有不同的分类,根据星系盘的形状差异,棒旋星系被分为许多不同的类型,这些类型包括a、b、c、d和m,分别用来表示棒旋星系的五种形状。

透镜型棒旋星系

还有一种特殊的棒旋星系，它有着棒状的星系盘，但是没有旋臂，而是在星系盘外围绕着一圈天体和星际物质，这就是透镜型棒旋星系。透镜型棒旋星系用 SB0 来表示。

▲ SB0 的外形犹如希腊字母的 θ

知识小笔记

据统计，棒旋星系的数量只占所有星系数量的 25%。

神秘的 NGC 1365

棒旋星系 NGC 1365 是一个距离我们有 6 000 万光年距离的星系，它位于天炉座。NGC 1365 星系的旋臂很长，使整个星系的大小相当于两个银河系，旋臂中许多天体因为速度跟不上而被甩到了空间中，成为孤立的小岛。

▲ NGC 1365 星系

M 61

M 61 棒旋星系是一个传奇的星系，在历史上它曾经被数次观测到，但是都被误认为是一颗未知的彗星，直到梅西叶确认这是一个天体并把它收入自己的星表，M 61 才为人所知。

异类星系——不规则星系

除了椭圆星系和棒旋星系以外，宇宙中还存在着另外一类形状不同的星系，它们的形状没有规则，无法归为某一种类型，因此被统称为不规则星系。不规则星系形成的原因有很多，它们的数量也很少。

▲ GC 5474 因受到它强大的邻居 M 101 星系的吸引，从而变成了一个不规则的星系。

不规则星系起源

不规则星系的起源十分复杂，小星系甚至会因为自己内部恒星的爆发而瓦解，形状变得不规则；也有一些星系在周围大天体的引力吸引下变形，不规则星系的起源很难判断。

▲ 大、小麦哲伦星系是离银河系最近的两个不规则星系。

大小不一的不规则星系

不规则星系的大小差别很大，有的不规则星系甚至比螺旋星系还要大，有的不规则星系连银河系的一角都达不到。不规则星系的大小和它形成的原因有很大的关系，很快你就会看到这一点。

不规则星系分类

虽然形状变化万千，但是天文学家们还是将不规则星系分为两大类：第一类是指那些具有不是很明显的棒状结构的星系，用 Irr I 型表示；第二类是指那些形状不定、带有明显的尘埃带且无法区分星系内部天体的星系，用 Irr II 型来表示。

▲ 双鱼座 Irr 类型星系 IC 1613

六分仪座 A

六分仪座 A 是一个暗淡的不规则星系，它内部的物质分布很不均匀，也没有明显的星系核，更没有旋臂结构。六分仪座 A 距离我们地球有 1 000 万光年远。

▲ 人马座不规则星系

知识小笔记

不规则星系的质量为太阳的 1 亿～10 亿倍，也有可高达 100 亿倍太阳质量的。

人马座不规则星系

人马座不规则星系是一个很小的星系，它的直径只有 1 500 光年，到地球的距离大概有 350 万光年。人马座不规则星系虽然含有一些新恒星组成的星团，但是它里面却有更多老年恒星，据推测，它存在的时间和宇宙差不多。

→ 六分仪座 A

大鱼吃小鱼——吞噬的星系

在地球上我们经常见到"大鱼吞小鱼"的现象，在宇宙中也有这种现象，一些小星系被大星系吸附，逐步丧失自身物质，最后全部被吸进大星系，成为大星系的一部分，这就是星系间的吞噬过程。

▲ 科学家日前发现在银河系周围有三条恒星流，这些恒星流可能是"遭到肢解"的星团和星系的残留物。

🌟 恒星流

被吞噬的小星系中含有许多恒星，当这些恒星在转入大星系的时候，就会形成一长排的恒星流。现在许多天文学家正在致力于寻找恒星流，以寻找星系吞噬的证据。

▲ 有些恒星流像一条项链一样围绕在大星系周围

🌟 旋臂的来源

许多大型螺旋星系都有旋臂，它们的旋臂是重要的恒星形成区，这和旋臂形成的原因有关，旋臂中大部分物质都是来自被吞噬的小星系，这些小星系的物质在旋臂中与大星系的物质相遇，制造了一个个恒星。

知识小笔记

根据天文学家的预测，我们所处的银河系和临近的仙女座星系数百万年来一直在相互吸引，如果一直持续下去，那么银河系最终会被仙女座星系所吞噬，两者重新组成一个更为庞大的星系。

慢慢吞噬

即使相差巨大，大星系仍然不能在很短的时间里将一个小星系吞噬，这个小星系会围绕着大星系运转，慢慢地被大星系吞噬。有的小星系会正面直接撞击大星系的星系中心，然后穿出，再返回来撞击，这是一种不常见的吞噬。

↑指环星系就是星系之间不断撞击和吞噬形成的

↑NGC 474 星系

大星系的外层

在星系吞噬的时候，小星系也会对大星系产生影响，像在小星系的引力作用影响下，大星系外层变得更加粗糙，就像一层一层的波一样，比如 NGC 474 星系。

物质桥

宇宙中唯一不变的就是变化本身。宇宙中有时候一个小星系的物质就会通过一段宇宙通道被大星系吸收，这段通道就叫做物质桥。M 82 上的物质就是通过物质桥输送到强大的邻居身上的。

↑小星系的物质通过物质桥转移到大星系中

有趣的星系之最

宇宙星空中的星系都有自己的独特之处,它们或离我们最近,或者离我们非常远,或者非常庞大,又或者拥有最多的同伴。在这里,你将看到宇宙众多星系中最奇特的那些星系。

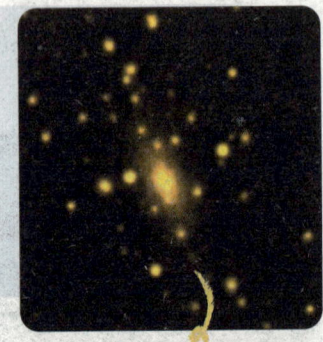

最大的星系

我们银河系的直径大约是 10 万光年,但是宇宙中还存在更大的星系。科学家们在阿贝尔 2099 星系团中发现一个直径达 50 万光年的星系,这个星系的直径是我们银河系的 5 倍,它也是目前我们人类发现的最大的星系。

IC1011

▲ 矮星系 NGC 1569

矮星系

在宇宙中有一类星系,它们所占的区域很小,只有数千光年;质量也很小,不到银河系的 1/10,这些星系就被称为矮星系。矮星系通常是大星系的伴星系,或者孤独地存在于宇宙空间之中。

令孩子着迷的 100 个宇宙奥秘

最近的星系

位于大熊星座的大犬矮星系是距离我们银河系最近的星系，它距离银河系的星系核只有 4.2 万光年远，是银河系的一个伴星系。因为银河系的引力作用，这个矮星系向自己的轨道上抛撒了大量的星际物质，形成一个围绕银河系的环。

- 太阳
- 大犬座矮星系位于银河系盘面之下
- 银河

▲ 最小的星系——LeoT

最小的星系

目前发现的最小的星系在狮子座里，它毫无疑问是一个矮星系。星系内部所含的物质非常少，看起来就像是一个星团。

知识小笔记

目前人类发现的离我们地球最远的星系距离地球有 130 亿光年。

最重的星系

旋涡星系 M 101 是一个十分庞大的星系，它内部至少拥有 1 万亿颗星球，其中有上千亿颗恒星和太阳差不多。它被认为是含有物质最多的星系，也就是最重的星系。

▲ 最重的星系——M 101

永不消散的云彩——麦哲伦云

它是南半球星空中永不消散的云彩,狂风也无法将它吹动;它不知道在银河系身边待了多长时间。这片神奇的云彩吸引着许多人不远千里去南半球,希望一睹芳容,它就是著名的麦哲伦星云,一片飘在宇宙空间中的云彩。

▸ 毒蜘蛛星云是人眼目视可见最大的弥漫星云,位于南天球的大麦哲伦星云中,星云中的一团年轻和大质量的恒星称为 R136。

南天星空中的麦哲伦星云

麦哲伦星云只能在南纬 20°以南的区域才能看见,通常看起来是云雾状天体,不但非常明亮,而且十分广阔。因此有人第一次看到这个星云,还以为它是云彩。

大小麦哲伦星云

我们把麦哲伦星云中较大的部分称为大麦哲伦星云,小的部分称为小麦哲伦星云,它们两个都是不规则星系。

▸ 麦哲伦星云:(左)大麦哲伦星云、(右)小麦哲伦星云。

我们离麦哲伦星云有多远

麦哲伦星云是离我们银河系最近的星系，它们到地球的距离大约是 18 万光年。也就是说，我们现在看到的是这个星系 18 万年前的情形。

> **知识小笔记**
>
> 科学家在麦哲伦星云中发现和确定了一颗造父变星的光变周期，这样就可以测量那些遥远星系到地球的距离了。

▲ 大麦哲伦和小麦哲伦星云是距离银河系最近的两个邻居，现在它们慢慢地被银河系吞噬。

被吞噬的星系

现在科学家发现大小麦哲伦星云正在被吞噬，而吞噬它们的就是我们的银河系。因为它们离银河系太近了，所以在银河系的强大引力下慢慢地垮掉，最终成为银河系的一部分。

▲ 位于大麦哲伦星云的双星群 NGC 1850 是一种非常特别的星群，它是大麦哲伦星云最亮的星群之一。

明亮的恒星

麦哲伦星云里有许多年轻的恒星，它们表面的温度高达上万摄氏度，散发着蓝白色的强光。这说明在大麦哲伦星云里有大片的物质密集区，这里可以诞生出新的恒星。

宇宙大撞车——星系的碰撞

宇宙空间虽然很大，但是星系在空间中并不是相安无事，它们会相互吸引，并发生激烈地碰撞。在星系地碰撞过程中往往会产生奇异的天文景观，并且留下一些比较奇特的星系。

猛烈的星系撞击

星系之间的撞击非常猛烈，两个形状差不多的星系如果发生碰撞，那它们的形状就会被扭曲，甚至完全失去了自己本来的外貌，变成了另外一副模样，而星系的撞击结果远不止这些。

两个星系碰撞的交叠处往往是恒星的诞生地

▲ 许多星系在撞击后形成了各种奇特的模样

制造新恒星

星系相撞的时候，不同星系的气体和灰尘就会拥挤在一起，形成一大片的弥漫星云。如果这里的物质足够密集，那么就会诞生许多新恒星，所以观察撞击的星系可以了解恒星的诞生原因。

▲ 星系相撞形成的弥漫星云

知识小笔记

触角星系是由两个正在碰撞的星系所形成的，因在合并中形成细长的触角状气体流，犹如昆虫的触角，故而得名。

令孩子着迷的100个宇宙奥秘

在数亿年前，螺旋星系 NGC 2207 和另外一个星系相遇，然后它们就开始飘向对方，到了今天它们的旋臂已经碰撞在一起，最后合并成一个更大的星系。

漫长的撞击

我们平时见到的撞击几乎是瞬间完成的，星系间的撞击却是一个十分漫长的过程。这是因为星系之间的距离非常广阔的缘故，它可能花费成百上千万年，也可能花费上亿年时间。

老鼠星系

两个螺旋星系相撞在一起，创造了老鼠星系。老鼠的长尾巴是其中一个星系抛撒的，它的身体是两个星系相交接的地方。老鼠星系还没有完全接触在一起，它们还要互相环绕运动许多年才能融合为一个更加庞大的星系。

老鼠星系是两个螺旋星系互相碰撞而形成，因为天文望远镜拍下的图片有着长长的尾巴，所以被昵称为老鼠星系。

难以分类——古怪的星系

宇宙中有很多奇形怪状的星系,这些星系的形状是从稳定的螺旋形渐变成不规则的外形。虽然这类星系在宇宙中非常少,但是它们却向我们提供了关于星系演化的重要信息。

不明显的星系核

这些古怪的星系大多没有明显的星系核。由于它们内部的物质分布比较均匀,因此很难分清楚它们的星系核心在哪里。

没有旋臂

这些星系还几乎都没有旋臂,它们的边缘围绕着稀薄的恒星和星际气体,因为内部引力不够强,因此很难使自己的旋臂长时间存在。

◀ 古怪星系 NGC 6745 看起来像一只鸟嘴在啄食,这个有趣现象是两个星系在过去数亿年里互撞的结果。

令孩子着迷的 100 个宇宙奥秘

蝌蚪星系

在天龙星座里有一个巨大的外形酷似蝌蚪的星系，它叫蝌蚪星系。在很久以前，一个小星系从天龙星座里一个庞大的棒旋星系旁边以很高的速度经过，于是就在这个棒旋星系身后留下了长长的尾迹，构成了这个蝌蚪星系。

知识小笔记

M82 星系因为像一个正在燃烧的雪茄，因此被称为雪茄星系。

不规则星系 NGC 2366

正在瓦解的星系

在距离我们地球有 1 000 万光年远的地方有一个编号为 NGC 2366 的不规则星系，它开始从中间断裂开，正在瓦解。

天线星系

在很久以前，宇宙中有两个星系相互吸引，最后结合在一起，成为一个新的大星系，不过它们还在自己经过的路上抛撒了大量的物质，所以现在这个复杂的星系看起来像是一个天线。

天线星系

Strange Galaxies

Galaxy

神奇预言——爱因斯坦十字

在大约90年前,爱因斯坦根据广义相对论预言:光会在大质量天体附近被弯曲从这个理论中他推出了一个有趣的结论:一些大质量天体就像透镜一样,可以使更远处天体的光发生弯曲,他把这种现象称为引力透镜。

四个核心的星系

一些天文学家发现了一个星系的星系核附近有四个明亮的核心,这是不可能的,因为一个规则的星系只能有一个核心。他们认为这可能是引力透镜效应造成的,因此称之为"爱因斯坦十字"。

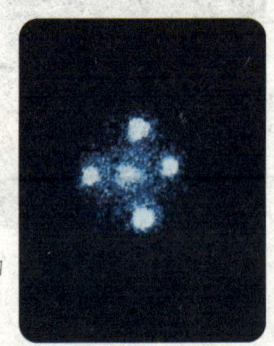

引力透镜效应造成的四个核心的星系照片

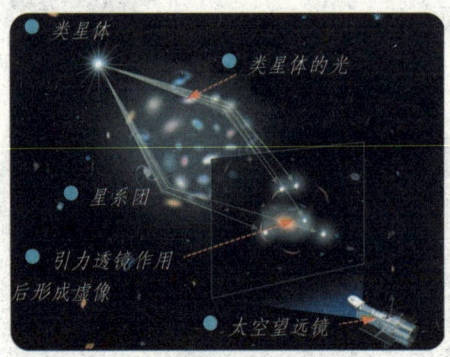

引力透镜的原理示意图

引力透镜

透镜可以改变光线,把物体放大,引力也具有类似透镜的效应。当你用一架天文望远镜观测一个星系团的时候,也许会在这个星系团的边缘发现一些被拉伸的星系,这就是由引力透镜效应造成的。

🔆 背后的原因

原来，一个背景类星体的光在经过一个暗淡的星系的时候，发出的光被这个星系的星系核弯曲了，于是我们就看到这个星系有四个星系核，实际上那个像是类星体，不是星系核。

🔆 引力速度

爱因斯坦曾预言引力场传播速度和光速是一样的，一些科学家利用土星遮掩一个恒星产生的引力透镜效应，来检验他的这个预言，最终得到的结果和爱因斯坦的预言基本吻合。

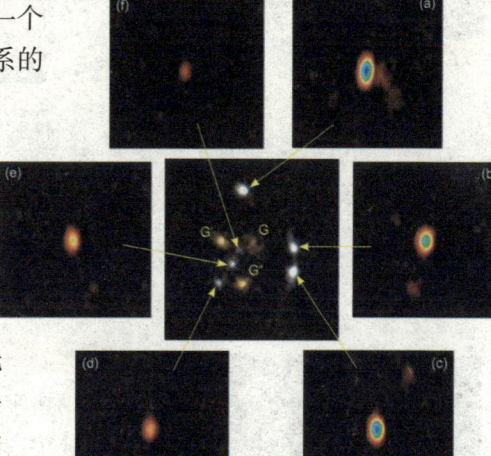

▲ 六像引力透镜效果

▲ 2004年发射的卫星证实爱因斯坦相对论的卫星

🔆 重力场

基于相同的原因，爱因斯坦认为地球的旋转也会带动周围时空一起运动。在2004年，美国科学家通过卫星检验，部分证实了这个结论。

> **知识小笔记**
> 质量较小的天体也能产生引力透镜效应，不过这个效应十分微小。

雄伟壮观——多重星系

就像恒星一样，星系也会聚集在一起，形成多重星系。这些星系依靠引力将彼此约束在一个宇宙空间内，互相围绕运动，并逐渐靠近，最终融合成一个庞大星系。

聚集的星系

在宇宙空间中经常可以见到聚集的星系。如果一处宇宙空间中有两个以上十个以下的星系聚集，那就是一个多重星系。在宇宙中飘着许多多重星系，离我们最近的就是由银河系和大、小麦哲伦星云组成的三重星系了。

稳固的多重星系

仙女座大星系和它的四个卫星星系组成了一个稳固的五重星系，在主星系的引力作用下，这些卫星星系围绕主星系运转，这也是大多数多重星系的结构。不过这些卫星星系最终会被主星系吃掉，使多重星系消失在宇宙空间中。

● 仙女座大星系的卫星

四舞伴

在天蝎座的一片宇宙区域里,星系 HCG 87A、HCG 87B、HCG 87C 和另外一个不知名的星系组成一个四重星系,就像四个舞伴一样在跳着一场持续上千万年时间的舞蹈,它们最终会合并到一起,形成更大的星系。

知识小笔记

塞佛特六重星系距离我们有 1.9 亿光年距离,这个多重星系里含有六个成员,它们在重力的作用下互相靠近,直到最后形成一个更加庞大的螺旋星系。

▲ 天蝎座四重星系

孔雀座三剑客

在孔雀座内,三个螺旋星系:NGC 6769、NGC 6770 和 NGC 6771 组成了一个庞大的三重星系,像三位剑客一样矗立于宇宙之中。

更多的星系

虽然多重星系的成员数目在十个以下,六重星系以上的多重星系却极其少见,而更多星系组成的星系团则并不罕见。当一个宇宙区域聚集的星系超过了十个后,就可以被称为星系团了,这是一种更加庞大的宇宙星系系统。

宇宙集团——星系团

在宇宙之中,星系成群结队地待在一起,构成更庞大的天体系统——星系团。在星系团中,不同星系互相吸引,在宇宙空间中"演奏"一曲庞大的集体舞蹈。

▲阿贝尔2218星系团

🌟 星系团的成员

星系团中的成员是各种各样的星系,无论是椭圆星系,或是螺旋星系,或是不规则星系,在星系团里都可以发现它们的身影,包括我们的银河系都是处在一个大型的星系团里的。

🌟 星系团分类

不同的星系团在形状和组成星系上都有所不同,天文学家把星系团分为球状星系团和疏散星系团,也叫做规则星系团和不规则星系团。在组成星系上,球状星系团和疏散星系团也有区别。

▲哈勃太空望远镜拍摄的大熊座星系群,距离地球100多亿光年。

球状星系团

球状星系团的形状呈对称的椭球形，内部星系以椭圆星系和螺旋星系为主。在这些星系之间夹杂着极少的不规则星系。球状星系团的中心区域星系密集，整个星系团的结构也十分稳定。

▸ 阿贝尔1689球状星系团

▸ 武仙座疏散星系团

疏散星系团

疏散星系团没有固定的形状，而且规模也比较小，内部星系大多为螺旋星系和椭圆星系，不规则星系比较多。疏散星系因为没有致密的核心区域，所以它的结果不稳定。

室女座星系团

室女座星系团是一个疏散星系团，内部有2 000个以上的星系，在这个星系团里你可以找到各种类型的星系。因为距离我们比较近，所以室女座星系团中许多天体都在很久前就被人类发现，比如明亮的星系M 85就是其中一个。

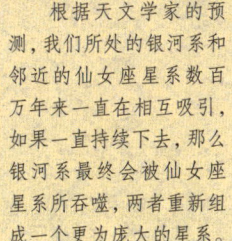

知识小笔记

根据天文学家的预测，我们所处的银河系和邻近的仙女座星系数百万年来一直在相互吸引，如果一直持续下去，那么银河系最终会被仙女座星系所吞噬，两者重新组成一个更为庞大的星系。

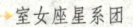
▸ 室女座星系团

令孩子着迷的100个宇宙奥秘

恒　星

恒星是宇宙中最常见的天体，宇宙之所以会充满光明，全都是恒星的功劳。它们燃烧自己，照亮宇宙，使人类能看到宇宙的秘密，但是它们的光也带来了秘密——恒星自己的秘密。总之，恒星世界是一个充满神秘色彩的领域，吸引着人类去探索。

永恒不变——恒星

我们从地球上遥望夜空,整个宇宙中布满了恒星。在很早的时候,人们认为它在星空的位置是固定的,所以称之为"恒星",意思是"永恒不变的星",其实它们也是在不停地高速运动着的。

恒星的质量

为了能点燃核聚变,恒星的质量必须达到一定程度。根据目前的恒星理论,一颗恒星的质量只有在太阳质量的8%以上,这颗恒星才能启动核聚变,成为一颗能够发光的恒星。

▶ 目前恒星的质量上限还不知道,天文学家曾观测到的质量是太阳上百倍的恒星。

转动的恒星

恒星也会自转,因为恒星的表面是炽热的液态物质,所以恒星表面的不同地方会出现不一样的自转速度。通过研究恒星自转,天文学家可以获得关于恒星内部运动的数据。

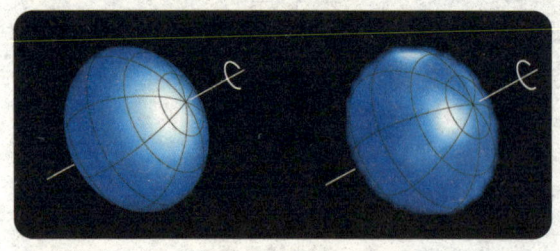

▶ 快速自转的恒星模型和牵牛星

恒星光谱

恒星会发射出不同频率的电磁波，这些电磁波构成恒星的电磁谱，在可见光范围内的电磁谱就是光谱。光谱中的光可以是由一些元素发射出来的，也可以被相应的元素吸收，所以研究恒星的光谱就可以知道这颗恒星上都有什么物质。

燃烧的恒星

恒星通过燃烧自己的组成物质来释放能量，这些能量主要以电磁波和粒子流的形式发散到宇宙之中。

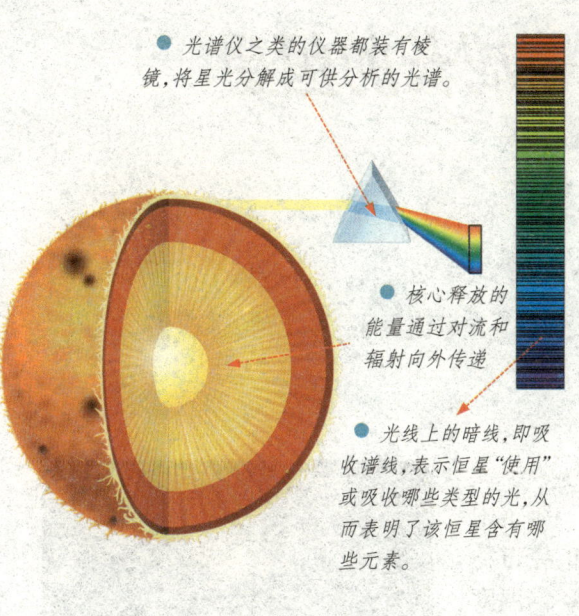

- 光谱仪之类的仪器都装有棱镜，将星光分解成可供分析的光谱。
- 核心释放的能量通过对流和辐射向外传递。
- 光线上的暗线，即吸收谱线，表示恒星"使用"或吸收哪些类型的光，从而表明了该恒星含有哪些元素。

恒星的寿命

恒星也有自己的寿命，我们可以认为恒星的寿命就是它们可以燃烧的时间，燃料燃烧殆尽，恒星就走到了自己生命的尽头。

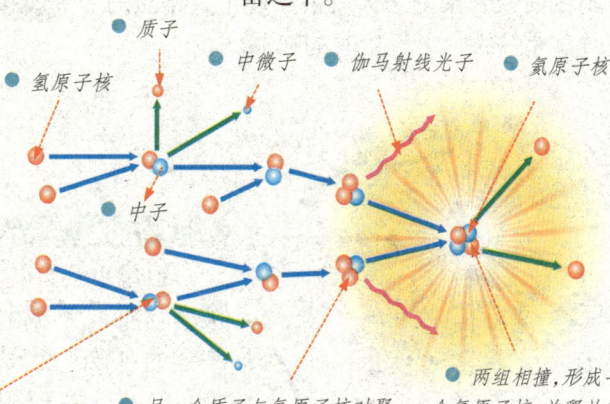

- 当两个质子相撞时，其中一个质子变成中子，释放出一个正电子和一个中微子。
- 另一个质子与氘原子核对聚变，释放出一个伽马射线光子。
- 两组相撞，形成一个氦原子核，并释放出两个质子。

渐进长大——成长的恒星

在天空无数的恒星中，每一个都有自己的诞生、成长、衰落和死亡的过程。只是恒星离我们太遥远了，我们永远无法亲眼目睹它们辉煌的生命历程。幸运的是，尖端的科学正带领我们学习、研究恒星的一生。

◉ 恒星的诞生

当宇宙的温度开始降低的时候，宇宙中的物质也开始凝聚。以氢元素为主的宇宙物质在万有引力的作用下聚集在一起，当温度合适的时候，聚变之火就被点燃了，剧烈的爆炸就是一颗恒星诞生时的啼哭。

▲ 这团正在分裂的尘埃和气体云气，将来会产生三个大质量的恒星，这张红外光影像记录了宇宙中恒星诞生的征兆。

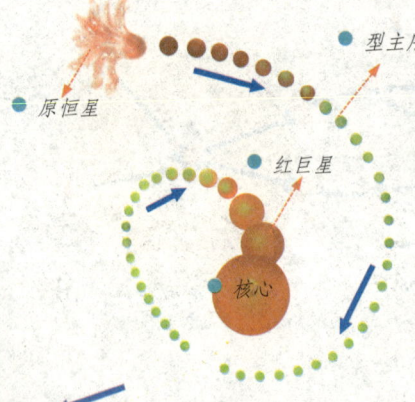

◉ 转动的恒星

恒星也会自转，因为恒星的表面是炽热的液态物质，所以恒星表面的不同地方会出现不一样的自转速度。通过研究恒星自转，天文学家可以获得关于恒星内部运动的数据。

↑ 大质量恒星的形成

恒星光谱

恒星会发射出不同频率的电磁波，这些电磁波构成恒星的电磁谱，在可见光范围内的电磁谱就是光谱。光谱中的光可以是由一些元素发射出来的，也可以被相应的元素吸收，所以研究恒星的光谱就可以知道这颗恒星上都有什么物质。

稳定的"青壮年"期

当一颗像太阳这样的恒星表面温度达到6 000℃左右的时候，此时是恒星的青壮年时期，也是恒星"身体"最正常的时候，恒星内部的热核反应激烈而稳定，从而产生出巨大的热和能量。

↑ 恒星的一生

不稳定的晚年

到了晚年以后，恒星的重力和内部压强失去了平衡，恒星的状态也变得不稳定，它可能一会儿膨胀，一会儿收缩，也可能不断地膨胀。这个时候恒星的温度降低了，颜色也偏红了。

核反应——恒星能量的来源

人类从婴儿生长到成年，或者从成年生长到老年，他们的外貌都会发生变化，我们可以通过人的外貌来判断他的大概年龄段，恒星也是如此。恒星本身能量状态的变化对它们的外观表现也会有很大的影响。

恒星的能量

我们都知道太阳是通过燃烧自己的物质来产生能量的，对于像太阳这样的恒星，它们主要的燃料就是氢的同位素。随着氢的燃烧，恒星内的物质也在发生变化，这些物质也可以发生聚变反应，这些核反应很复杂，而且它们对恒星的影响也很大。

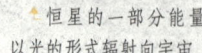

▲ 恒星的一部分能量以光的形式辐射向宇宙

持久的辩论

第一个提出太阳能量来自核聚变的科学家是爱丁顿爵士。在初期，他的理论遭到詹姆士·金斯的强烈反对，为此他们之间进行了一场持续了近20年的论战，直到后来有天文学家计算出太阳能源来自氢聚变，他们的辩论才终止。

▲ 爱丁顿

知识小笔记

恒星的能量主要来源于氢元素的聚变。

恒星风

恒星风

每一个恒星都会向外发射粒子，这些粒子像狂风一样扫荡着恒星周围的宇宙空间，冲击着恒星周围的物质，使它们产生一些变化。恒星风对那些密度极小的物质的影响很大，它们通常会被恒星风刮到很远的地方。

恒星磁场

恒星外围还有强大的磁场，这是由恒星附近带电粒子的高速运动形成的，较强的恒星磁场甚至可以影响恒星风的运动轨道。

太阳磁场模拟图

合成反应

恒星内部并不是只有氢聚变来释放能量，在一些大质量的恒星内部，更重的元素，比如氦、碳和氧等，会发生合成反应，继续释放能量，不过大规模的合成反应只能进行到铁元素，因为铁之后的元素合成时释放的能量还没有消耗得多。

- 像太阳这样的恒星会有几十亿年的时间来燃烧它的氢气

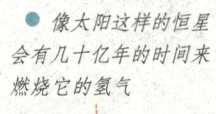

- 当所有氢气耗尽后，太阳膨胀成红巨星，以燃烧氦气代替氢气。

- 行星状星云消散后，太阳中心变成没有任何核燃料的白矮星。

- 白矮星渐渐变暗淡并消失

- 氦气耗尽后，太阳喷出的外围物质形成一团行星状星云

一探奥秘——恒星的结构

恒星也有自己的结构和形状,其内部不同区域的物质状态不一样,温度也不一样,不仅如此,恒星的自身运动和外界对它的外形也有影响。所以,如果你在宇宙中见到那些形状和外观奇特的恒星时,不要感到惊讶。

- 主要由氦组成的中介层
- 氢正在聚变而形成氦的壳层
- 主要由氢组成的外包层
- 表面温度约3 500℃
- 氦正在聚变而形成碳的壳层
- 恒星的碳核结温度为1亿摄氏度
- 正在冷却和膨胀的外层发出炽热的红光

恒星的结构

首先要说明的是,科学家所说的恒星结构是基于恒星发出的光,根据现在的恒星理论,恒星的结构包括恒星核、恒星大气和恒星冕,对于太阳来说,恒星大气可以分为更详细的部分。

恒星表面和大气

恒星的表面非常光亮，因为这里是恒星光的主要来源地，这里的温度比内部低得多，我们看到的恒星的颜色就是这一层发出的。这一层的外面就是稀薄的恒星大气，科学家也是通过研究恒星外层中的物质来了解恒星的。

- 这颗黄色 F 型星，温度约 7 500℃。

- 蓝巨星非常明亮，温度相当高，属于 O 型星，温度约为 35 000℃。

知识小笔记

对于一颗正在燃烧的恒星来说，它的体积越大，亮度也越高。

- 处于主星序前列的恒星，质量约为太阳的 60 倍；处于主星序末尾的恒星，质量约为太阳的 1/12。

- 这颗黄色星很像我们的太阳，它是颗 G 型星，温度约 6 000℃。

- 这颗橘黄色星是 K 型星，温度约 4 700℃。

- 这颗小星体称为红矮星，是一颗既暗又冷的恒星，属 M 型星，温度约 3 000℃。

恒星冕

许多科学家相信恒星的外面还笼罩着一层看不见的恒星冕，这里的物质非常稀疏，但是温度却非常高。据推测，这里的物质是由随着恒星风直接从内层跑出来的物质形成的。

恒星冕

濒临死亡——巨星和超巨星

当恒星走到晚年的时候,它的体积会变得非常大,成为所谓的巨星,有一些恒星的体积甚至会超过太阳上亿倍,成为一颗超巨星。

巨星

处于巨星阶段的恒星表面温度也降低很多,但是因为它的体积增大数万倍,所以巨星不仅不会变暗,反而越来越明亮。在步入晚年以后,恒星的变化会变得复杂。

- 氦气燃烧产生碳和氧
- 氢气燃烧产生氦
- 氢气在核中心的外部壳中继续燃烧
- 核心区的放大图
- 黑色的尘埃微粒在恒星的外大气层凝结,并被恒星风带走。尘埃飘移到星际空间,在那里形成了新一代恒星。
- 氢气燃烧的内壳温度达1亿摄氏度
- 上升和下降的热气通过对流将热量从核心传到表面,在核心产生的元素也被传到表面上。

超巨星

超巨星的直径是太阳直径的数百倍至上千倍,它们即使离地球更远,亮度也丝毫不亚于红巨星。超巨星是濒临死亡的恒星,也许在下一秒钟,超巨星就会发生超新星爆发。

令孩子着迷的100个宇宙奥秘

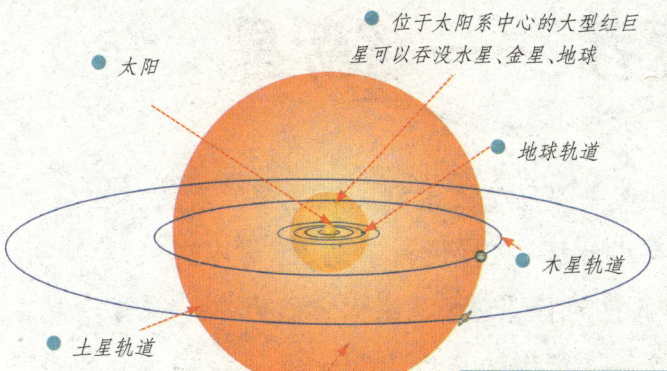

- 太阳
- 位于太阳系中心的大型红巨星可以吞没水星、金星、地球
- 地球轨道
- 木星轨道
- 土星轨道
- 位于太阳系中心的大型超巨星可以吞没掉远至火星和木星的行星

超巨星的颜色

一般来说超巨星的颜色是红色的，也叫做红超巨星，但是宇宙中还存在黄色和蓝色的超巨星，它们十分奇特，不过数量要少一些。

庞大的超巨星

许多超巨星十分庞大，如果把它们放在太阳的位置上，它们就会把火星，甚至是木星吞进肚子里，我们的地球当然也会被吞掉。

知识小笔记

红超巨星是濒临死亡的大质量恒星，它们表面的温度很低，呈暗红色。

蓝超巨星

蓝超巨星的表面散发着蓝白色的光芒，以前科学家认为蓝超巨星会先转变成红超巨星，然后再发生超新星爆发，但是后来有证据证明蓝超巨星可以直接发生超新星爆发。目前星空中最亮的蓝超巨星是天津四。

被称为猎人腰带的这三颗蓝超巨星参宿一、参宿二及参宿三，温度和质量比太阳高，距离我们约有1 500光年远。

Giant and Supergiant Star

Star

慢慢"衰老"——超新星

有时,遥望星空,在某一星区突然看到一颗原来没有的亮恒星,经过几个月甚至几天,它又慢慢看不见了,古人曾误以为这种"奇特"的星星是新产生的恒星,所以就称它们为"新星"或者超新星。其实,它们不但不是新生的星体,相反,是正走向衰亡的老年恒星。

定义

在大爆炸的过程中,恒星将抛掉自己大部分的物质,同时释放出巨大的能量。这样,在很短的时间内,它的光度有可能将增加几十万倍,这样的星叫"新星"。如果恒星的爆发再猛烈些,它的光度增加甚至能超过1 000万倍,这样的恒星叫做"超新星"。

弥漫在天鹅座附近的热气泡是2万多年以前一个超新星爆炸形成的

● 高密度的核　　● 恒星大部分由氢构成

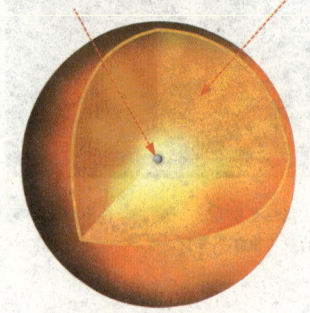

爆炸的原因

新星的本来面目是正在爆发的红巨星。当一颗恒星步入老年,它的中心会向内收缩,而外壳却朝外膨胀,形成一颗红巨星。红巨星是很不稳定的,总有一天它的内部压力会超过引力,于是就发生猛烈的爆发,形成新星爆发。

🌞 名不副实

新星并不是"新产生"的恒星,而是原来就有一颗可能是暗弱的恒星,由于它突然爆发,向外抛射大量物质,在很短的时间内,它的光度增加十几个星等,这也意味着它的亮度增长了几万倍,使人们误认为生成了新的星体。

▸ 1987年2月23日,在大麦哲伦星系中观测到一颗超新星 SN 1987A,成为轰动世界的新闻。

▸ 超新星 1987A 遗迹

🌞 消失的超新星

1572年,在仙后座中曾发生过一次超新星爆发,当时在白天都能看到那颗明亮的新星,但三周后亮度很快减弱,到1574年3月,肉眼已看不到了。380年后,天文学家却意外地在同一位置上,接收到一个强大的射电源,据研究,这是那颗已消失的超新星。

🌞 非凡的意义

超新星的爆发可能会引发附近星云中无数颗恒星的诞生。另一方面,新星和超新星爆发的灰烬,也是形成别的天体的重要材料。因此新星或者超新星的爆发是天体演化的重要环节,它是老年恒星辉煌的葬礼,同时又是新生恒星的推动者。

类新星——麒麟座 V838

麒麟座是一个亮星很少的星座,不过这个星座里的一颗编号为 V838 的恒星却非常出名,这是因为它的类新星爆发被人类观测到了。

类新星爆发

当一颗主序星发展到超巨星的时候,它就变得很不稳定,会发生爆发。这种爆发很像新星爆发,因此被称为类新星爆发。类新星是一种经常爆发的恒星。

V838 的爆发

麒麟座 V838 距离地球大约 2 万光年,它本来是一颗相当暗的恒星,不过在走到红超巨星阶段后,它已经发生了很多次类新星爆发,因此周围布满了宇宙灰尘,这些灰尘为我们展示了一幅奇妙的景象。

爆发

在 2002 年 4 月，遨游在太空中的哈勃望远镜观测到麒麟座 V838 星发生了爆发，爆发后产生的光圈迅速向恒星周围扩张。

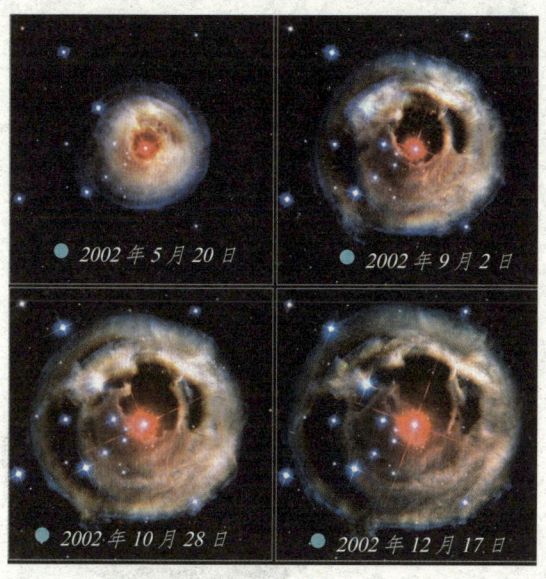

扩张

在发生类新星爆发后，麒麟座 V838 星的光圈迅速扩大，在短短的 7 个月时间里，这层光圈就扩展到 5 光年的范围，成为我们银河系中亮度最大的星体，这看起来很像是超光速现象。

→"哈勃"拍摄到 2002 年不同时期麒麟座 V838 的照片

光回波

实际上在麒麟座 V838 星的爆发中，并没有超光速现象，我们看到的光圈实际上是宇宙灰尘反射向地球的光，这种现象就是光回波现象。其实，早在 1936 年，哈勃就开始关注到了银河系中的"光回波"现象。

→2002 年 4 月 30 日拍摄的麒麟座 V838 星的回光照片

破茧而出——白矮星

宇宙中存在这样一种恒星，它们看起来暗淡无比，却发出白色的光，人们称它们为白矮星。白矮星是一种体积很小的恒星，但是它的质量却大得惊人，密度也很高，它们发出的白光告诉我们：白矮星不是简单的恒星，它有许多秘密。

白矮星的形成

一颗质量和太阳差不多的恒星在燃烧的时候，会形成一个致密的恒星核，这个恒星核是由被引力压缩的原子组成的，在恒星爆发后恒星核会留下来，成为一颗新的星星，它就是白矮星。

第一颗白矮星

人类发现的第一颗白矮星就是天狼星的伴星。人们以前一直认为这只不过是一颗暗淡的恒星，但是随着观测技术的提高，人们发现它表面的温度很高，而且质量非常大，后来才认识到它就是理论预言的白矮星。

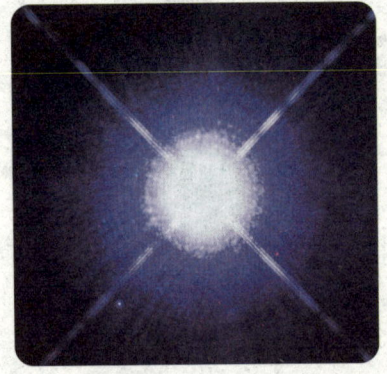

◀ 天狼星和它的伴星

太空中的钻石

一些恒星在燃烧的时候也会产生碳元素，当这颗恒星爆发成为白矮星后，星核上的碳元素在巨大的压力下，就会形成类似地球上的钻石那样的结构。人们把这颗白矮星就称为太空中的钻石。

● 白矮星星核的结构类似地球上的钻石

最终结局

任何一个高温的物体都会向外辐射能量，白矮星也不例外。在经过热化的过程后，白矮星将逐渐冷却、变暗，在经历一段时间的变化后，它最终会变成体积更小、密度更大、发光能力极其低的黑矮星。

↑ 一颗恒星演变为黑矮星所需的时间比宇宙的年龄还要长，因此宇宙并不存在黑矮星。即使现在宇宙中有黑矮星，探测到它的难度也非常高。

↑ 白矮星及其伴星

发光的原因

在恒星核收缩的过程中，会释放出很大的能量，致使星核白热化，其表面温度甚至可高达10 000℃以上，这就是白矮星发白光的原因，在这个过程中，白矮星也会不断地损失质量，可燃烧的物质也越来越少。

大质量的恒星——中子星

如果一颗恒星核的质量超过了成为白矮星的极限,那么它就会继续坍缩,变成一颗中子星,中子星来自质量更大的恒星。

▶ 中子星的结构示意图

● 中子内核物质状态未知

↑ 中子星能产生极强的磁场

极大的密度

中子星上物质的密度十分大,一个火柴盒大小的地球物质大约有 70 克,同样大小的白矮星物质大约有 12 吨重,而同样大小的中子星物质有 2 亿吨。

中子星的脉冲信号

中子星有很强的磁场,当中子星的磁极随着中子星的转动而转动的时候,就会向空间中释放脉冲射电信号,如果这些信号传播到地球,就可以被我们接收到。

中子星的发现

在 1967 年,英国天文学家休伊什和贝尔偶然接收到来自蟹状星云的脉冲射电信号,确认这是一种星体发射出来的,并称这种星体为脉冲星,后来脉冲星就被证实是中子星。

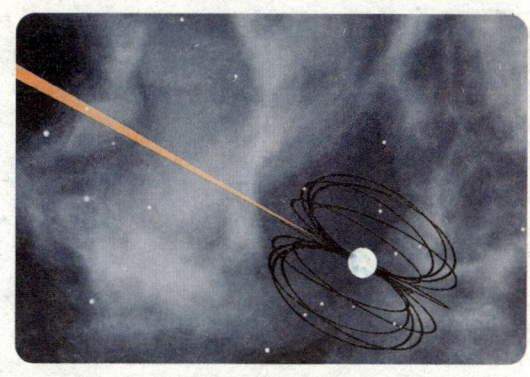

宇宙中的小矮子

中子星是目前发现的最小的星体,如果一个中子星的质量和太阳差不多,那它的大小和珠穆朗玛峰差不多。因为中子星太小了,所以很难被观测到。

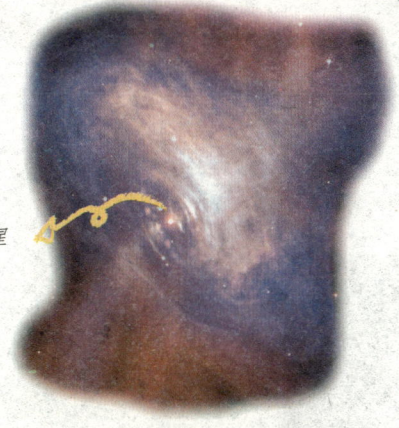

● 中子星

中子星知多少

现在人们已经发现了 1 600 多颗中子星,这些中子星存在于很多地方,科学家认为还有更多的中子星还没有被发现,许多天文学家一直努力寻找未被发现的中子星。

● 中子星在旋转时发出强烈的射电信号

强磁场——磁星

现在人类发现地球、太阳和许多星体都具有磁场，不过不同的星体磁场的强弱是不一样的。在宇宙中有一类磁场非常强大的星体，它们被称为磁星。

磁星是什么

磁星实际上就是中子星，只不过它们的磁场比一般的中子星强得多，因此科学家们把这种中子星就称为磁星。

▲ 脉冲星的磁场示意图

▲ 艺术家笔下的磁星

磁星的大小

像其他中子星一样，磁星也非常小，甚至在中子星里面，它都算是小个子，但是磁星的磁场却非常大，即使是远在数千万光年之外，我们依然可以探测到它的磁信号。

☀ 强大的磁场

磁星的磁场非常强大,如果把一颗磁星放在地球和月亮之间,那地球上就会乱成一团。首先所有的电磁通信设备都无法工作,一些小的铁质物品可能会被吸到天空中去。

☀ 闪耀的磁星

磁星有时候会突然释放大量的射线,形成壮观的磁星闪耀,看起来就像是爆炸了一样,不过我们用肉眼是看不到这样的爆炸的。

▲ 美国物理学家认为磁星来自放射物的剧烈爆炸

▲ 磁星除了能释放出射电信号以外,还可以释放出伽马射线,现在科学家通过分析一些观测数据,认为磁星是重要的软伽马射线复发源。

☀ 变化的磁星

磁星的磁场也不是固定不变的,它的磁场会由强变弱,然后再由弱变强,这个过程一直在进行着,所以磁星也被叫做磁变星。

太空魔王——黑洞

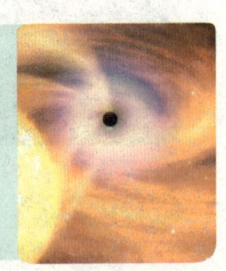

黑洞是一种理论预言的极端天体，是一个难以探测的怪物，它不停地"吞吃"着周围的一切物质，任何物体一旦被黑洞的引力俘获，就没有任何逃脱的希望了，只能向黑洞的中心坠落下去，最终瓦解和消失。

☀ "太空魔王"

黑洞的引力很强，任何物体只能在它的外围游弋。如果不慎越过边界，就会被强大的引力拽向中心，最终化为基本粒子，落到黑洞中心，因此人们把黑洞叫做"太空魔王"。

☀ 黑洞引力的秘密

黑洞的质量十分巨大，随着靠近黑洞距离的减少，其引力场也越来越强。在引力强大到一定程度的时候，黑洞周围就形成一个封闭的空间，任何物质进入这个空间，都不会再出去，因为没有出去的路可走。

发现黑洞

一些物质在进入黑洞的时候，会发射出强烈的 X 射线，这些 X 射线是黑洞的特征射线，其他天体活动很难产生这种射线。天文学家可以根据这些特征，来判断一块宇宙区域是不是存在黑洞。

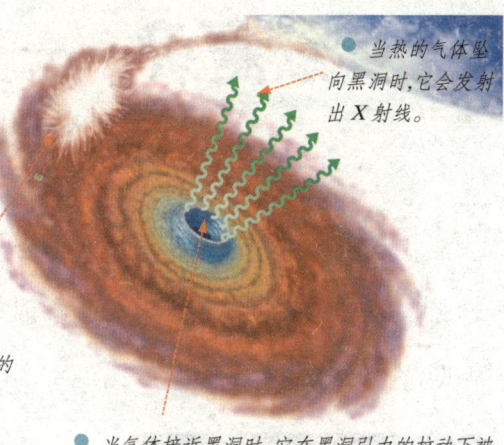

- 当热的气体坠向黑洞时，它会发射出 X 射线。
- 气流撞上围绕黑洞的气体产生了明亮的热点
- 当气体接近黑洞时，它在黑洞引力的拉动下被加热到 1 亿摄氏度。

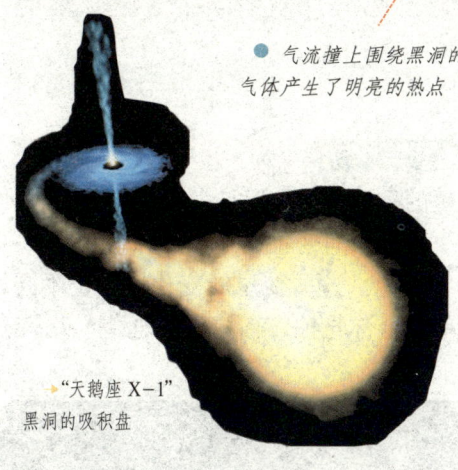

▶"天鹅座 X-1"黑洞的吸积盘

吸积盘

在理论上，黑洞会不断地吸取周围的物体。这些物体旋转着落到黑洞上，在黑洞周围形成盘状结构，被称为吸积盘。吸积盘并不是黑洞专有的结构，白矮星或中子星周围也会形成吸积盘。

消失的黑洞

有一些科学家认为，如果一个黑洞吞噬不到物质，它就会慢慢地辐射能量，就好像一潭水在蒸发一样，最终消失在宇宙中。不过这种辐射很弱，难以被探测到。

错综复杂——变星

天空中还存在着一些亮度能周期性改变的恒星，它们有时候明亮异常，有时候又变得暗淡不可见，这些星被称为变星。引起恒星亮度变化的原因很多，所以变星也有许多种类，这些变星变化的原因神秘而有趣。

▲ 米拉星膨胀的时候会向太空中喷发大量的物质，这些物质漂流在太空中，形成一个长长的尾巴，使米拉看起来就像是一个巨大的彗星一样。

变星种类

变星的种类很多，但是大概可以分为三种类型，一种是几何变星，一种是脉动变星，一种是爆发变星。这些变星的变化原因也不同，有的简单地令你吃惊，有的复杂地让人头晕。

几何变星

简单点说，几何变星就是因为伴星周期性遮挡而造成恒星亮度变化，最明显的几何变星就是大陵五，它的光变周期大约是68小时49分钟。

▲ 英仙星座的大陵五星是一颗几何变星，光变在300多年前已经被发现。

造父变星

造父变星的亮度有规律地变化，它的亮度变化可以用来测定天体之间的距离，因此造父变星也被称为是"量天尺"。

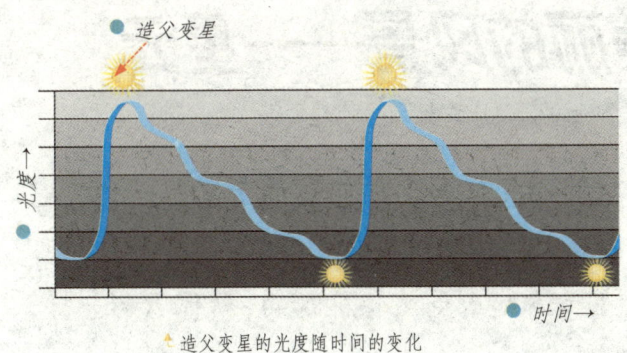
▲ 造父变星的光度随时间的变化

▲ 磁变星一般是磁场很强且有变化的恒星

磁变星

有一些星体的磁场非常强大，而且还能改变强度，这类恒星就叫做磁变星。在历史上，人类发现的第一颗磁变星是室女座第78号星。

▲ 船底座伊塔星是银河系中一颗十分引人注意的变星，它是通过类新星爆发的方式改变自己的亮度的。

其他变星

也有一些恒星会突然产生强烈的射线，比如红外线、紫外线和X射线新星，它们也被称为变星。许多科学家认为X射线新星是黑洞吞噬周围物质的结果。

太空中美丽的风景——星云

星云是一种由星际空间的气体和尘埃组成的云雾状天体。它有着多变的形状和庞大的体积，在银河系中，其体积往往可达方圆几十光年，所以，星云看起来虽然轻飘飘的，就像云彩一样，实际上它比太阳还要重得多。

☀ 星云的形状

星云的形状千姿百态：有的星云形状很不规则，呈弥漫状，没有明确的边界，叫弥漫星云；有的星云像一个圆盘或环状，淡淡发光，很像一个大行星，称为行星状星云。

☀ 星云的形成

星云实质上是由各种不同性质的天体组成的大杂烩，它主要是由气体和尘埃物质形成的。据估计，星云是由恒星爆炸后释放的物质形成的，随着时间的推移，它们也有可能形成新的恒星或恒星团。

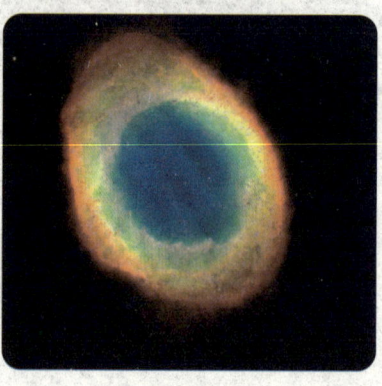

▲ 弥漫星云

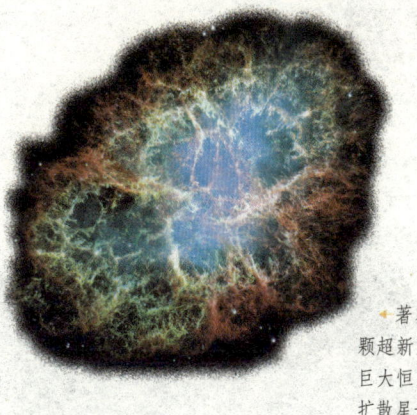

低密度

星云中的物质密度非常低,在一块星云区域里甚至找不到一颗看得见的尘埃,如果拿地球上的标准来衡量,有些地方可以认为就是真空。

▸ 著名的蟹状星云就是一颗超新星的残骸,它是一颗巨大恒星爆炸形成碎片后的扩散星云。

星云和恒星的亲缘关系

星云和恒星有着"血缘"关系。恒星抛射出的气体会成为星云的一部分,而星云物质在引力作用下可能收缩成为恒星。在一定条件下,它们是可以互相转化的。

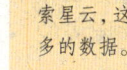

知识小笔记

许多星云可以直接用天文望远镜观看,因为它们很明亮,但是科学家喜欢用特殊的仪器来探索星云,这样可以得到更多的数据。

▸ 猎户座著名的马头星云就属于暗星云

暗星云与亮星云

暗星云属于弥漫星云中的一种,它不发光,但是由于掩蔽了天空背景射来的星光,所以被人看见。亮星云会发光,它中央有一颗温度很高的恒星,星云吸收恒星光,然后再转换成可见光发射。

绚丽灿烂——猫眼星云

在北斗七星的旁边有一个庞大的星座，它就是天龙座，在这个星座里有许多天体，猫眼星云是这些天体中最出名的一个。

猫眼星云

当人们看到这个星云的时候，觉得它像猫的眼睛，于是就给它取名为猫眼星云。猫眼星云是一个行星状星云，它的编号是 NGC 6543。

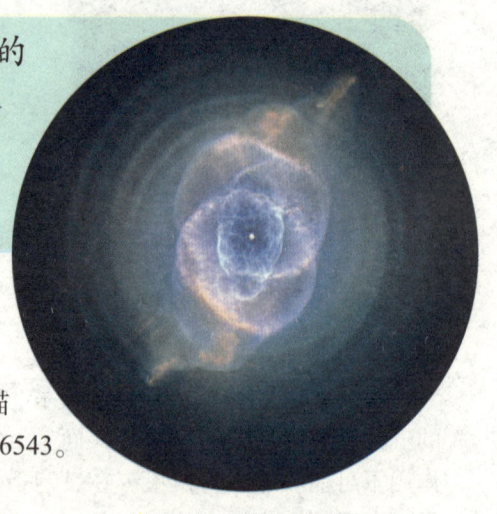

▲ 猫眼星云是典型的行星状星云

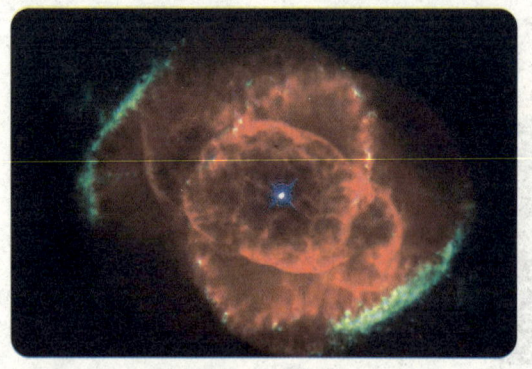

▲ 猫眼星云距离我们 3 000 光年，是一颗正在走向死亡的恒星向外抛射出的气体壳层造成的。

复杂的猫眼星云

在猫眼星云里你可以看到由各种物质构成的环、螺旋和像绳结一样扭曲的结构，这些都是星云中心的恒星在抛出物质的时候形成的。

星云中心的恒星

在猫眼星云中心有一个发出白色光芒的恒星,这颗恒星和太阳的质量差不多,不过它已经快要死了,每一秒钟都要损失大约两千万吨的物质。

知识小笔记

1864年,英国业余天文学家威廉·赫金斯为猫眼星云作了光谱分析,也是人类首次将光谱分析技术用于星云上。

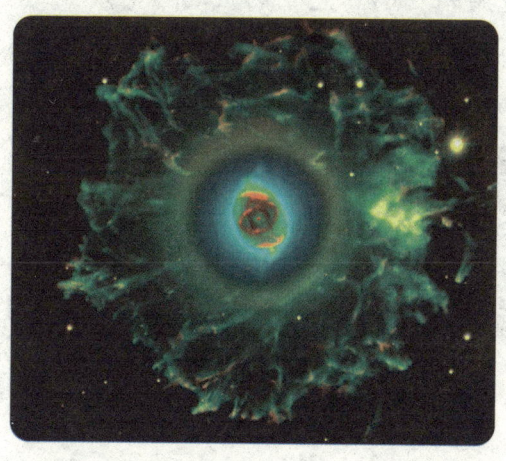

▲ 猫眼星云的这张美丽的假色影像里,形状对称且引人注目的星云位于中央。图像经过处理,以呈现出星云奇特而昏暗且范围超过3光年的气晕。

猫眼星云的物质

和大多数行星状星云一样,猫眼星云内的物质大多是氢和氦,另外还有碳、氮、氧和其他微量元素。不过猫眼星云内含有的重元素数量要比太阳多一些。

猫眼星云的发现

在1786年2月15日的夜晚,著名的天文学家威廉·赫歇尔在观测星空的时候,无意间发现了这个星云,不过直到大约一个世纪以后,科学家才开始仔细研究这个星云。

▲ 威廉·赫歇尔

宇宙彩蝶——蝴蝶星云

在蛇夫座一个距离我们地球大约 2 100 光年的区域里,有一个美丽的星云,因为形状像是一只飞舞的蝴蝶,所以它被称为蝴蝶星云。

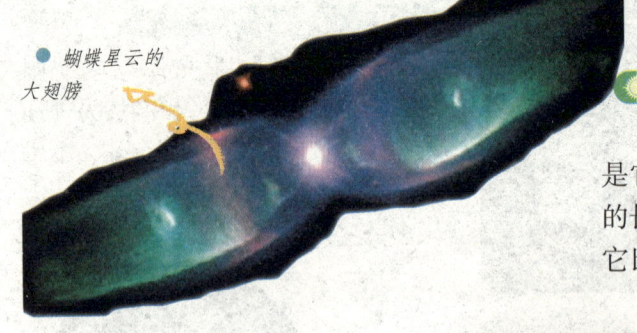

● 蝴蝶星云的大翅膀

↑ 蝴蝶星云有一对像翅膀的结构并且惊人地对称

蝴蝶星云的大翅膀

蝴蝶星云最引人注意的就是它那一对大翅膀,这对翅膀的长度有 0.16 光年,也就是说,它比我们太阳系还要大。

蝴蝶星云中的物质

虽然蝴蝶星云的形状很古怪,但是组成它的物质却是非常常见的氢、氦、氧和碳等元素,这些元素分布在不同区域,于是星云的不同区域也发出不同颜色的光。

↑ 蝴蝶星云

🌞 喷发的物质

在蝴蝶星云中心有一个正在死亡的恒星,它的温度很高,不断地向外抛出物质。但是同样是抛出物质,为什么蝴蝶星云的外形会这么特殊呢?

↑蝴蝶星云在宇宙中有很多星云都长着一对美丽的翅膀,看起来就像是在天空中飞舞一样,它们的翅膀一般由没有爆炸的恒星喷射的恒星风物质组成。

知识小笔记

蝴蝶星云看上去非常动人,但是经过几千年之后它就不会像现在这样明亮,因为它的中央恒星会变冷而成为一颗白矮星。

🌞 另外一颗伴星

一些科学家猜测蝴蝶星云中心恒星有一颗伴星,这颗伴星围绕蝴蝶星云转动,把中心恒星的物质吸引出来,又抛洒出去,于是就形成了像翅膀一样的物质云。

🌞 绚丽的色彩

通过特殊天文观测仪器,我们看到蝴蝶星云具有绚丽的色彩,这些颜色的光是从星云物质中来的,比如氢元素会发出绿色的光,氧元素会发出蓝色的光,等等。

↑色彩绚丽的蝴蝶星云

容易辨识——猎户座大星云

前 面我们说了猎户座是星空中最容易辨认的星座,因为它含有许多明亮的星星,在猎户座腰带三星最左边一颗星的左下有一个比较暗的星星,它非常特别。

新的发现

在古代,人们一直认为猎户座大星云是一颗星星,但是在望远镜出现以后,才发现它是一个星云,其中最亮的一个星云编号是 M42,现在它就是猎户座大星云的一部分。

▲ 通过红外线拍摄到的猎户座星云

庞大的猎户座大星云

猎户座星云看起来十分庞大,在星云的附近有许多恒星组成一个星团,从 M42 一直延伸到猎户座腰带处,不过我们用肉眼看不到它们之间相连的部分。猎户座大星云是仅有的几个能被肉眼看见的星云。

令孩子着迷的100个宇宙奥秘

知识小笔记

猎户座大星云于1656年由荷兰天文学家惠更斯发现。

🌟 壮观的猎户座星云

猎户座星云距离我们很近，只有大约1 500光年的距离，所以现在我们可以把这个星云看得十分清楚。在许多照片上，猎户座星云看起来都十分壮观。

▶ 庞大的猎户座大星云

🌟 马头星云

在猎户座大星云里有一块暗淡的区域，这个区域就像是马的头部，因此被叫做马头星云，这里其实是一团寒冷的尘埃云。

▲ 马头星云

🌟 猎户座大星云内的恒星

在猎户座大星云里也有许多新生恒星，大部分恒星都形成于200万～300万年前，这些恒星的质量都和太阳差不多。因为离我们近，所以这些恒星成为人类最好的研究目标。

太空中的大柱子——创造之柱

在巨蛇座一块距离地球大约 7 000 光年的区域里,有一个形状类似雄鹰的星云,被称为老鹰星云。这个星云内部有两个非常出名的宇宙天体:创造之柱。

巨大的柱子

在老鹰星云里有两个巨大的柱形区域,这里星际物质密集,因此有大量的恒星在这里出现,因此这两个天体被称为创造之柱。

创造之柱

创造之柱是我们曾经见过的最巨大的"柱子",它的长度是以光年来计算的,比上万个太阳系还要庞大。不过它距离我们太远,不借助特殊仪器,我们很难看见它。

创造之柱的来源

目前天文学家还不清楚创造之柱是怎么来的,一些科学家猜测它们有可能是由从不同方向冲来的星际物质组成的。

鹰状星云位于巨蛇座,简称为 M16。它实际上是一个疏散星团和一个弥漫气体星云的复合体。鹰状星云本身并不发光,它是被 M16 星团中的恒星照亮了才发光的。

恒星摇篮

在创造之柱的物质密集区域里出现了许多原始恒星,这些恒星正在积攒着能量,在未来的某一天,它们会相继发生爆炸,成为一颗发光的恒星。

创造之柱是恒星的摇篮,许多原始的恒星都在物质密集区域里出现。

知识小笔记

天文学家在 2007 年曾做出惊人预测,1 000 年内,地球上的人们便可目睹"创造之柱"被超新星摧毁的景象。

被破坏的巨柱

在创造之柱中诞生的新恒星发出强烈的恒星风,吹散了周围的物质。就这样,创造之柱正在被慢慢地摧毁,不过也许要花费很多时间。

成双出现——双星

在浩瀚的宇宙里，许多恒星喜欢成双成对地出现，它们互相环绕，交相辉映，构成一对美丽的双星。这些双星不仅仅使我们觉察到宇宙的无奇不有，而且还包含着许多的秘密，在破解这些秘密的同时，我们对宇宙的认识又加深了一步。

艺术家笔下的双星想象图

天空中的双星

天文学家们发现银河系中半数以上的恒星都是双星体，它们之所以有时被误认为是单个恒星，是因为构成双星的两颗恒星相距得太近了，而且离我们太远，因此很难分辨。

物理双星与光学双星

双星也有不同，有的是一颗恒星绕另一颗恒星运动，互相以重力相联系，这种双星就叫物理双星；有的双星仅仅是看起来离得很近，而实际上没有什么联系，这种双星叫做光学双星。

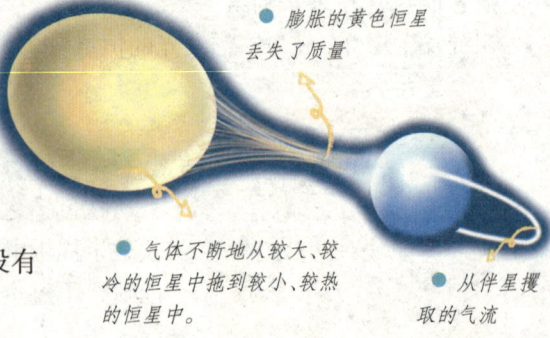

- 膨胀的黄色恒星丢失了质量
- 气体不断地从较大、较冷的恒星中拖到较小、较热的恒星中。
- 从伴星攫取的气流

双星的确定

对于那些离我们近的双星,用天文望远镜就可以发现,但距离远的双星就不能用直接观测来发现了。天文学家们总结了双星运行时的光学变化规律,为确定双星提供了帮助。像我们发现一颗遥远的恒星,但是这颗恒星的光度会周期性变化,时亮时暗,那么它就有可能是一个双星。

↑ 当一个双星系统的两颗恒星质量差别过大的时候,质量小的恒星就会围绕着质量大的恒星运动。

知识小笔记

在特定的时刻,牛郎星和织女星可以成为一对光学双星。

双星告诉我们什么

双星为人类研究恒星提供了非常好的资料,通过研究双星,科学家们可以获得许多关于恒星活动的资料,比如恒星的形成、运动和相互作用。

双星的运动

双星的运动比较复杂。组成双星的每一颗恒星称为子星,银河系里的双星除了围绕银心运动以外,还在互相围绕运动,它们的轨迹构成一个类似数字"8"的图形。

↑ 白矮双星螺旋

独特的星云——多合星

有时候几颗恒星之间的距离比较近，它们就会形成多合星，比如三合星、四合星或六合星。

由于恒星间存在强大的万有引力作用，所以很多恒星聚集起来形成聚星系统，即合星。

▲ 画家笔下的三合星系统

多合星的来源

那些庞大的弥散星云是多合星的来源，在这些星云里，恒星们在不同的区域诞生，如果这些恒星离的足够近，它们就可以组成多合星系统。

三合星

北极星是一颗我们非常熟悉的恒星，天文学家发现它的周围还围绕着两颗恒星，所以北极星是一组三合星。像这样的三合星在太空中还有很多。

太阳　　南门二A　　南门二　　比邻星

四合星

在 HD98800 的恒星系统中有两对双星，它们组成了一组四合星，如果我们的地球是在这个恒星系统里，那我们会看到天空中有四个太阳。

▶ 编号为 HD98800 恒星里的四合星，距地球大约 150 光年。与太阳系相比，它还相对年轻，只有大约 1 000 万年。

六合星

双子座代表着一对双胞胎，双子座阿尔法星就是一个由三对双星构成的六合星系统，而双子座贝塔星也是一个六合星，瞧这兄弟俩多像啊。

◀ 双子座阿尔法星是一个六合星

不同的寿命

即使在多合星里面也有不同寿命的恒星，有的恒星也许还是巨星，而有的恒星已经爆发变成白矮星了，甚至成为中子星。有时候游荡的白矮星和中子星也可能成为一个合星系统中的一员。

知识小笔记

有的多合星系统离地球非常远，而我们难以看见，这时候就要使用分光仪来分辨一个天体是不是多合星系统了。

星星之城——星团

在宇宙中，有许多恒星是成群结队地遨游太空的，它们或者十几颗成一组，或者几百颗一组，有的甚至几十万颗恒星组成一个集团，这些恒星团就被称为星团，一些大的星团我们用肉眼都能看得到。

星团的年龄

星团形成的时间不一样，结构也不一样，通常由刚形成的恒星组成的星团结构不紧密，是疏散星团，而那些由老年恒星组成的星团一般是球状星团，这些星团存在时间可以长达上百亿年。

● 玫瑰星云内部新生的星团

球状星团

球状星团是由数十万颗恒星聚集成球形的星团，它们的成员成千上万，有的甚至是由几十万颗恒星组成的，形成了庞大的"集团"。球状星团的中心区域恒星密集，边缘部分稀疏。

疏散星团

疏散星团是由十几颗到几千颗年轻的恒星组成的星团。银河系中已发现的疏散星团有上千个。即使在月色明朗的晚上，它们也十分明亮，只要使用天文望远镜，就可以清晰地看到疏散星团。

NGC 290 位于邻近的小麦哲伦星系内，这个疏散星团有数百颗成员星。

昴宿星团

金牛座中有一个著名的疏散星团，叫做昴宿星团，也叫做七姐妹星团，它由 280 多颗恒星组成，直径大约 13 光年，距离我们大约有 410 光年。这些恒星没有规律地排列在一起，相互之间的联系也没有球状星团那样紧密。

知识小笔记

金牛座中有一个叫做"毕星团"的著名疏散星团，它是由大约 300 颗恒星组成的，直径大约为 33 光年，距离我们大约有 143 光年。

异类星团

有时候，星系之间的碰撞，也会产生一些星团出来，这些星团既不像球状星团，也不像疏散星团。这些异类星团有可能是来自被破坏的星团，也可能是聚集在一起的恒星组成的新星团。

神秘天体——类星体

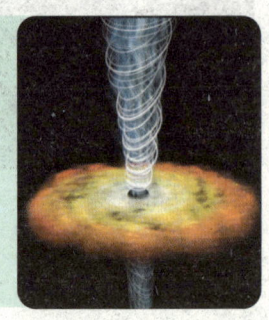

类星体在一般光学观测中只是一个光点，看起来很像恒星，但是在分光观测中，它的谱线具有很大的红移，不可能是恒星，时至今日，天文学家们仍然不能确定这类天体的性质，因此就把它们称为类星体。

神秘天体

类星体是一种十分奇特的天体，它们看起来像恒星，但是又不可能是恒星；在更清晰的照片上它看起来像星团，但是它却不具有星团的性质；它发出的辐射信号类似星系，但是它也不是星系，类星体是宇宙中神秘的天体。

类星体的分类

现在的类星体包括两大类，一类叫做类星射电源，一类叫做蓝星体。目前在所有的类星体中，蓝星体所占的数量最多，这是因为蓝星体存在的时间要比类星射电源长久得多。蓝星体的红移量也很巨大，并且十分明亮。

一颗位于星系中心的类星体

类星体的命名

类星体的名称有两部分，在前面的是类星体英文名称简写QSO，后面的数字是类星体在天球上的位置坐标，比如代号为QSO1227+02的天体，就表示这个天体是类星体，它在天球赤经12h27m，赤纬+2度的区域。

▶类星体是宇宙中最亮的星体，它之所以这么亮是因为超重黑洞吞噬物质而发出辐射所造成的。

类星体的速度

天文探测结果显示类星体移动的速度非常快，有一些类星体的速度甚至"超过"了光速。不过绝大多数天文学家认为这些类星体的速度只是看起来超过了光速，这种现象称为视超光速运动，并不是真的超过光速。

知识小笔记

第一个被人类发现的类星体的编号是3C273，它是在1961年被发现的，并在次年被宣布是一个类似恒星的天体。

双胞胎类星体

天文学家们曾经发现一对双胞胎类星体，它们分别是QSO0957+561A及QSO0957+561B。实际上这两个类星体是同一个天体，只不过它们的光线被一个暗星系改变方向，所以看起来成了两个。

▲双胞胎类星体 QSO0957+561A 及 QSO0957+561B

令孩子着迷的100个宇宙奥秘

太阳系

太阳是离我们最近的恒星,也是地球上热量的主要来源。我们的地球和其他大大小小的行星一起围绕太阳旋转运动,构成了太阳系。虽然太阳系只是很小的一块宇宙区域,但是这里也有数不尽的奥秘,等待着人类去探索。

美丽家园——太阳系

太阳系就是一个由恒星和一群行星组成的天体系统，这里有我们熟悉的太阳、金星、水星和木星等行星，也有我们最为熟悉的地球和月球，这里就是我们的家园。

知识小笔记

1983年，科学家用红外望远镜看到了天琴座的一个类似太阳系的恒星行星系。

◎ 太阳系的中心

太阳是太阳系的中心恒星，它的质量占太阳系总质量的99.8%，它以自己强大的引力将太阳系里的所有天体牢牢地吸引在它的周围，使它们井然有序地绕自己旋转。

太阳系的运动

太阳带着整个太阳系,在一个以银心为中心的椭圆轨道上运行,同时它还以自身为轴心不知疲惫地转动着。

▶ 太阳系的每个成员在各自的轨道上有序地围绕着太阳运行

八大行星

八大行星中离太阳最近的行星是水星,以下依次是金星、地球、火星、木星、土星、天王星和海王星。

太阳系里的小碎块

在太阳系里还存在许多体积很小的天体,这些天体被称为太阳系小天体。它们游荡在太阳系里,几乎太阳系的每一个区域里都存在着这样的小天体。

行星的赛跑

我们把地球围绕太阳旋转一圈所用的时间称为一年,地球上的一年大约是365天,但是其他行星上的一年就不是这个天数了。

太阳之子——行星

行星,又称惑星,是围绕恒星运行且本身不发光的天体。一般来说行星需要具有一定的质量,行星的质量要足够地大,这样一来它的形状大约是圆球状,质量不够的则成为小行星。

行星的形成

现在最受欢迎的行星形成学说是星云形成说,这种学说认为行星是一块漂浮在轨道上的星云慢慢凝聚而成的。

▲ 行星的形成

▲ 类木行星

行星的分类

为了区分八大行星的性质,天文学家把八大行星大致分为两类,一类为类地行星,包括水星、金星、地球和火星。另一类为类木行星,包括木星、土星、天王星和海王星。

类地行星

类地行星由相当紧密的岩石物质构成，表面坚硬。这类行星自从形成以来经历了很大变化，原来的气体层中较轻的气体散逸了，形成了现在的大气层。随着时间的推移，它们的表面特征也不断地发生变化。

巨行星

木星和土星被称为巨行星。木星的直径大约相当于地球的11倍；土星的直径比地球的直径大9倍多。不过它们的质量并没有相应增加，所以它们的密度要比地球小得多。它们虽然没有坚硬的表面，却有岩石和冰构成的行星核。

火星

水星

金星

地球

知识小笔记

20世纪末人类在外星系统中也发现了行星，现在已有近百颗太阳系外的行星被确定。

光明之源——太阳

太阳是太阳系的中心天体,是太阳系里唯一的一颗恒星,也是离地球最近的一颗恒星。如果没有温暖的太阳,地球将变得又黑又冷,没有任何生物可以生存。

庞大的体积

太阳是太阳系里唯一的一颗恒星,它的主要组成物质都是氢和氦,所以它的体积十分庞大,为141亿亿立方千米,大约是地球的130万倍。

太阳系的"领袖"

太阳的质量近21 027吨,是地球质量的130.25万倍,整个太阳系的物质几乎都集中在太阳上,因此太阳是太阳系里至高无上的"领袖"。

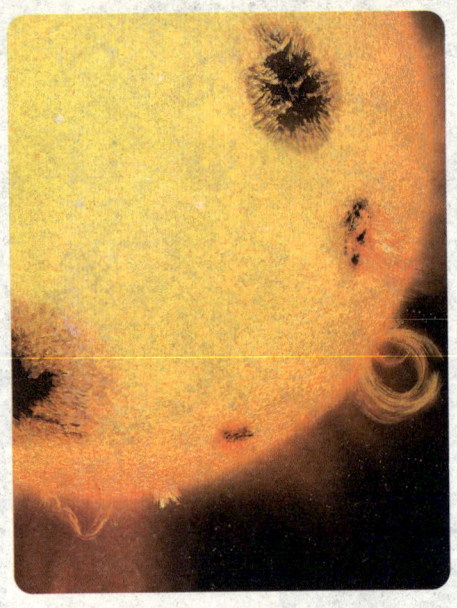

▲ 太阳是太阳系内的中心天体

太阳的结构

太阳是一个炽热的红巨星，它没有固体的星体或核心，从中心到边缘，可分为核反应区、辐射区、对流区和大气层。

知识小笔记

太阳是一个巨大的气体火球，它由大约75%的氢和25%的氦构成。

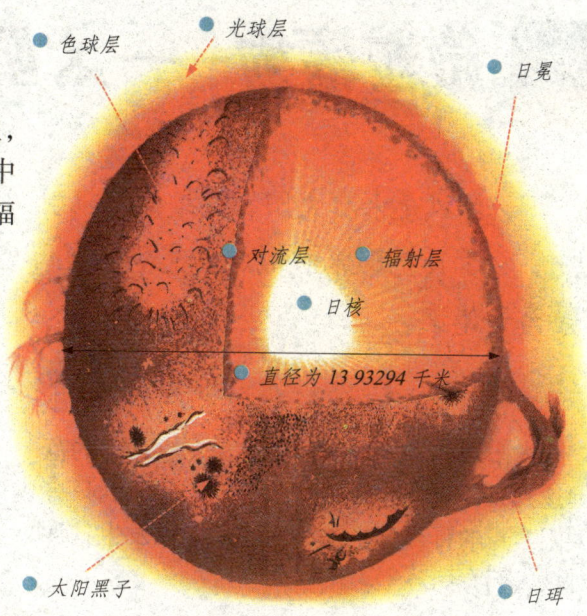

色球层　光球层　日冕　对流层　辐射层　日核　直径为13 93294千米　太阳黑子　日珥

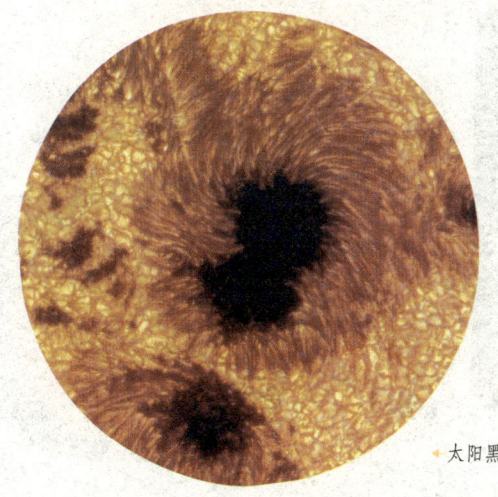

▸ 太阳黑子

太阳黑子

太阳黑子其实是太阳表面一种炽热物质的巨大旋涡，因为它的温度大约为4 500℃，而光球其余部分的温度约为6 000℃，就这样，在明亮的光球反衬下，这些温度比较低的区域看上去就像一些黑色的斑点。

微粒辐射——太阳风

太阳风是来自太阳的连续微粒辐射，它起源于日冕膨胀而形成的充满行星际空间的等离子体流。

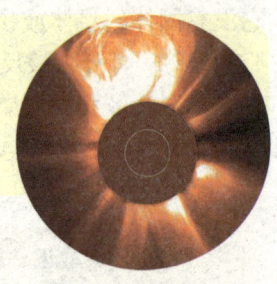

▶ 日冕的温度更是高达上百万摄氏度，一些科学家们认为，日冕里有大量来自太阳内部的高温等离子体粒子，所以温度非常高。

日冕

太阳最外层的大气称为日冕，它延伸的范围达到太阳直径的几倍到几十倍。其亮度只有太阳本身的百万分之一，因此只能在发生日食时被人们看到。

太阳风的形成

日冕中有大片不规则的暗黑区域，称为冕洞。而形成太阳风的等离子体流就是从日冕的冕洞中喷射出来的。

▶ 冕洞里的物质稀少，而且存在时间也比较长，有时可达1年时间。

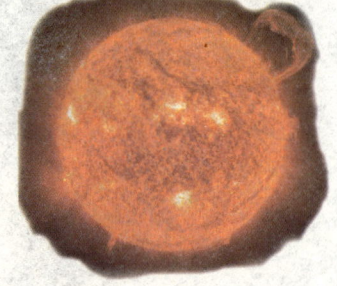

▶ 太阳风从太阳大气最外层的日冕向空间持续抛射出来的物质粒子流

持续太阳风

太阳风分为两种,一种是持续太阳风,它的射流速度比较小,而微粒含量也不大。这种太阳风对地球的影响不是很大。

知识小笔记

太阳风的发现是20世纪空间探测的重要发现之一。

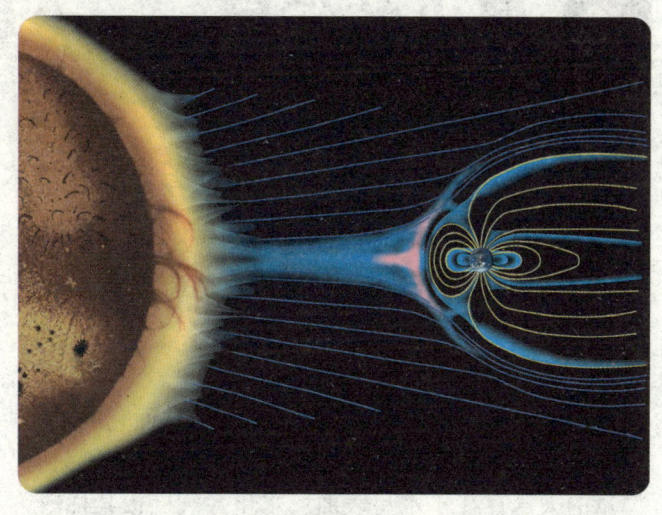

▲ 太阳风的存在,给我们研究太阳以及太阳与地球的关系提供了方便。

太阳风的影响

太阳风是在太阳活跃时期喷射出的粒子流。这种太阳风对地球影响很大,当它抵达地球时,往往会引起很大的磁暴,同时骚扰电离层,影响地球上的短波通讯。

美丽的极光

当太阳风抵达地球极区时,地球的两极就会出现极光。极光的形态很多,不光会在地球上出现,太阳系内某些具有磁场和大气层的行星上也会出现极光。

▲ 极光

最小的行星——水星

水星也称辰星,它是八大行星中最靠近太阳的一颗行星。水星行动迅速,神出鬼没,在一个半月的时间里,它会沿着一段奇特的曲线运动,是太阳系中运动速度最快的行星。

水星的大气

由于水星受太阳辐射烘烤暴晒最强,而它的重力不够大,因此水星表面的气体都被吹到太空中,只有微量的大气存在于水星表面。水星大气层极其稀薄,主要由氧、钾和钠组成。

水星结构

水星是八大行星中最小的一个行星,它的外貌很像月球,内部结构却类似地球,也分为壳、幔、核三层。天文学家推测水星的外壳是由硅酸盐构成的,其中心有个比月球还大的铁质内核。

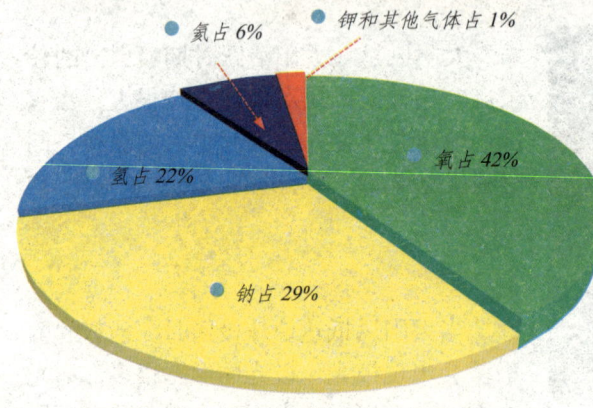

水星的大气结构示意图

（氦占 6%，钾和其他气体占 1%，氧占 42%，氢占 22%，钠占 29%）

水星地貌

在地面上观测水星，几乎看不到水星表面的细节，只能通过宇宙飞船发回的照片来对它进行研究。水星表面大大小小的环形山星罗棋布，既有高山，也有平原，还有令人心惊的悬崖峭壁。

水星上的山

知识小笔记

水星是太阳系里最小的行星，它的赤道直径大约有4 880千米，还不到地球直径的40%。

水星环形山

据统计，水星上的环形山有上千个。因为水星上没有大气和风，因此这些环行山保存的相当完好。这些环行山都被起上了名字，其中有十多个环形山是用中国人的名字命名的，其中就有鲁迅环形山。

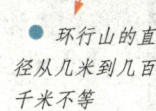

- 环行山的直径从几米到几百千米不等
- 水星上的环行山一般都比月球上的浅

太阳系的中心

当水星走到太阳和地球之间时，在太阳圆面上会看到一个小黑点穿过，这称为"水星凌日"。由于水星挡住太阳的面积太小了，不足以使太阳亮度减弱，所以，用肉眼很难看到水星凌日，只能通过望远镜进行观测。

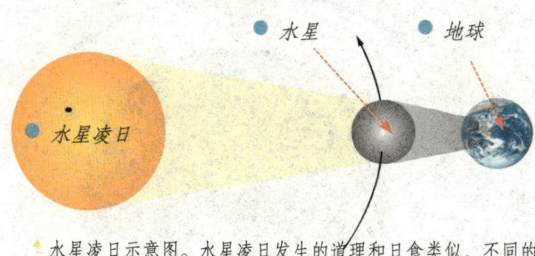
水星凌日示意图。水星凌日发生的道理和日食类似，不同的是水星比月亮离地球远，视直径仅为太阳的1/1900000。

反向旋转——金星

在中国古代，金星被称之为太白或太白金星，它有时是晨星，黎明前出现在东方天空，被称为"启明"；有时是昏星，黄昏后出现在西方天空，被称为"长庚"。金星是夜空中最亮的星之一，犹如一颗耀眼的明珠高悬天宇。

金星

地球的孪生姐妹

金星被称为地球的孪生姐妹，它与地球十分相似：半径大约为 6 050 千米，只比地球小 400 千米，平均密度约为地球的 95%，体积是地球的 0.88 倍；质量为地球的 81.5%，周围也有大气和云层。

● 金星上的一昼夜相当于地球上的 117 天

太阳从西边出来

"太阳从西边出来"是金星上最大的景观，因为金星的自转方向和地球是相反的，它也是太阳系中唯一逆向自转的大行星，所以，从金星上看太阳，自然是西升东落的。

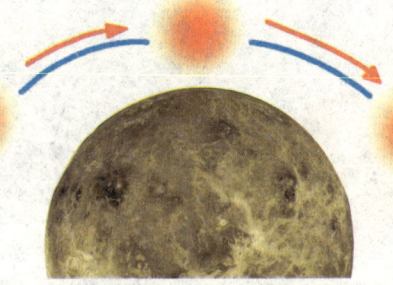

● 金星上太阳西升东落示意图

被"棉被"包裹的行星

金星表面的温度超过 400℃,这是由 "温室效应" 引起的。金星的大气层厚重浓密,其主要成分是约占 97% 的二氧化碳,这就像给金星裹上一层"棉被"一样,太阳辐射产生的热量只能反射出去很少一部分,使得金星表面变得非常炎热。

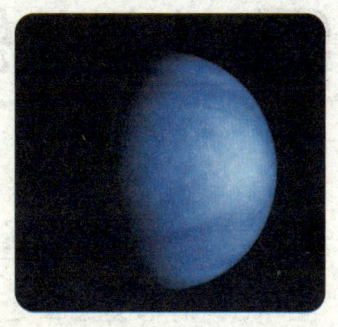

金星上的云

金星上的火山

金星峡谷

在金星表面有一条巨大的峡谷,这条峡谷从南到北,长度有 1 200 千米,它是目前我们发现的延续距离最长的大峡谷。

知识小笔记

金星上最高的山峰落差达 10 590 米,比地球上的珠穆朗玛峰还高。

人类的摇篮——地球

地球被誉为是生命的家园,它至今仍是我们所知的唯一一个拥有生命的星球,我们人类也在这个星球上生活了几十万年时间,在所有的太阳系行星中,地球和我们人类的关系最为密切,它也是人类了解的最多和最深入的行星。

地球的组成

地球是一个球状物体,由固体、液体和气体物质按照一定的分布顺序组成。地球本身的主要部分为固体,外层叫岩石圈,岩石圈表面为一层饱含水分的水圈所包围,水圈以外,还有一层气体所笼罩是大气圈。

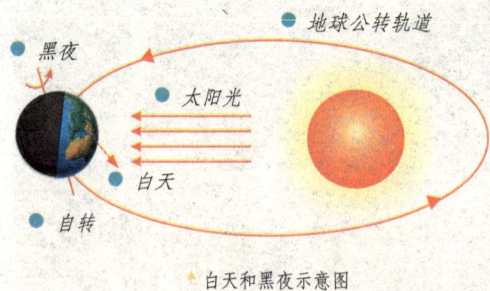

▲ 白天和黑夜示意图

日出和日落

日出和日落也是地球自转造成的。当它自转时,如果转向太阳,我们就看到太阳出来了,当转到背离太阳,我们就看到太阳落下了。太阳升起的时候是白天,落下的时候是夜晚。

🌟 地球的运动 ▶▶▶

地球是一个旋转的球体，它主要有自转和公转两种运动形式，在自西向东自转的同时围绕太阳公转。地球自转产生了昼夜交替变化，而公转运动产生了地球上的四季变化。

🌟 地球表面的空气 ▶▶▶

地球表面的空气是生态环境非常重要的组成部分，空气中的主要成分是氮气、氧气、二氧化碳和水蒸气等气体，为生命运动提供氧气，同时也通过运动来调节水资源和热量。

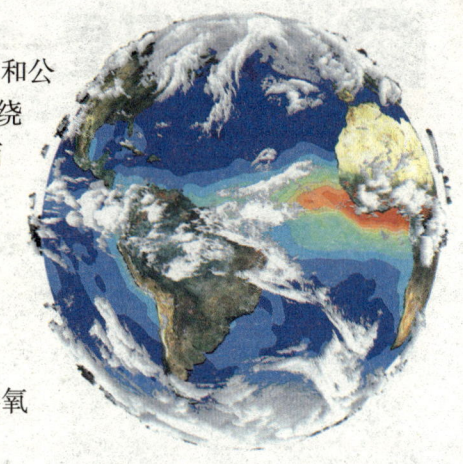

▲ 地球表面的空气通过运动调节地球上的气候

📝 知识小笔记

1519年9月，葡萄牙航海家麦哲伦的环球航行证明地球是圆的，而前苏联宇航员加加林是第一个从太空看见我们蔚蓝色地球的人。

🌟 美丽的生物世界 ▶▶▶

地球上最引人注目的就是各种各样的生物了，这些生物有植物、动物、细菌、真菌和病毒等，它们组成了地球上庞大而复杂的生物世界。

地球卫星——月球

月球是我们最熟悉的天体，在晴朗的夜空里，除了少数时间外，我们几乎每天都可以看见月球，不过直到17世纪人们才用望远镜更准确地观察月球，从那以后，我们也越来越了解月球。

● 内核
● 外核
● 月幔
● 月壳（背地球面比向地球面厚）

月球的结构 >>>

科学家发现，月球有一个含铁和硫的小核，它被一层半熔化状的岩石层（软流圈）所包围，该层外面是一层固态岩石（岩石圈），最外层是岩石壳，其主要成分和地球差不多，但是却富含钙和铅等元素。

月陆 >>>

月球上那些明亮的区域就是"月陆"，其实月陆是月球表面上古老的高地和山脉，由于反光能力很强，所以它们看上去很亮。月陆占据了月球表面的绝大部分面积。

● 月陆

知识小笔记

现在人们根据测量，发现月球的年龄大约有45亿年。

☀ "黑白分明" ▶▶▶

和地球不同的是,月球没有空气散射、折射,所以一切黑白分明。阳光照耀之处,光亮刺眼灼人,但是却能清楚地看见星空;而在阴影处,却是漆黑一片,什么也看不见。

▶ 月球上没有大气,即使在白天也可以清楚地看到地球。

☀ 无声的世界 ▶▶▶

我们在地球上能够听到声音,是因为空气可以传播声音,但是月球上没有大气,这就意味着没有传播声音的媒体,所以在月球上什么声音也听不到。

▶ 月球表面万籁俱寂,满目苍凉。

☀ 地月系统 ▶▶▶

月球不单是最靠近地球的天体,同时还是地球唯一的天然卫星,它与地球组成一个天体系统——地月系统。因为与地球关系密切,所以月球的运行也会对地球产生很大的影响。

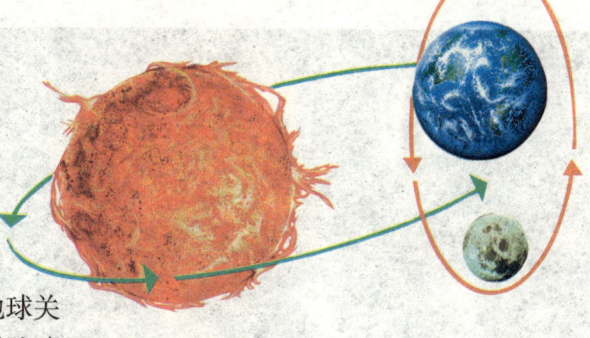

▶ 月球运动示意图:月球在自转的同时绕地球公转,而且还跟地球一起绕太阳转。

变幻的月食

在太阳光下每个物体都会产生影子，地球也不例外。有时候当月亮是满月时，它会被地球的影子遮住，但过一会儿又从另一边出来，这种现象我们就称为月食。

初识月食

古时候，人们不懂得月食发生的科学道理，像害怕日食一样，对月食也心怀恐惧，他们常常以为月食就是世界末日的来临。

▲ 2004年10月27日的月全食

月全食

地球的直径大约是月球的4倍，在月球轨道处，地球本影的直径仍相当于月球的2.5倍。所以当地球和月亮的中心大致在同一条直线上，月亮就会完全进入地球的本影，而产生月全食。

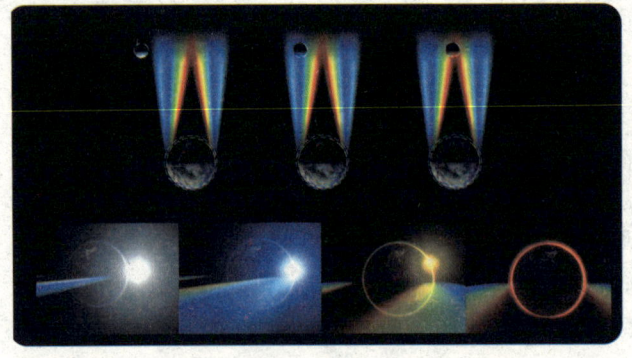

▲ 月全食在月球上看太阳的样子

太阳系里的小碎块

在太阳系里还存在许多体积很小的天体,这些天体被称为太阳系小天体。它们游荡在太阳系里,几乎太阳系的每一个区域里都存在着这样的小天体。

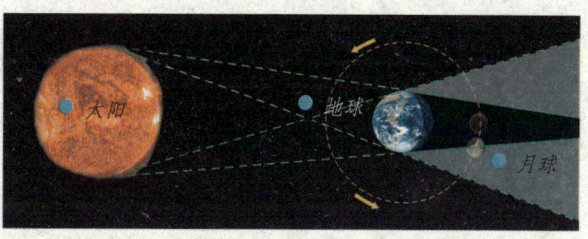

▲ 月全食和月偏食形成示意图

月食周期

月食都发生在满月,但不是每逢满月都有月食。在一般情况下,月亮不是从地球本影的上方通过,就是在下方离去,很少穿过或部分通过地球本影,因此,一般情况下就不会发生月食。

◀ 从地球上看到的不同时间的月相

视觉上的误差

从地球上看,月球的大小好像跟太阳差不多,其实两者的真实体积相差很大,之所以会出现这样视觉上的误差,是因为月球的视半径和太阳的视半径相差不大的缘故。

知识小笔记

公元前 2283 年美索不达米亚的月食记录是世界上最早的月食记录,其次是中国公元前 1136 年的月食记录。

自然奇景——日食

晴空万里,阳光灿烂,但一瞬间,太阳的光焰被夺走了,黑暗笼罩着大地,天空出现了亮星,鸟兽匆匆归巢,大自然处于一片沉寂之中,这就是日食发生的景象。这伟大而罕见的自然奇景,会给人留下难以忘怀的印象。

日食的奥秘

日食是月球运动到太阳与地球之间,将太阳光遮住的现象。月球完全遮住太阳时,称为日全食;将太阳部分遮住时,称为日偏食;月球离地球太远时,不能完全遮住太阳,就会出现日环食。

日食发生的规律

每年日食最多出现5次,最少出现2次日食;日全食大约1年半发生一次。在南北极地区只能看到日偏食。

令孩子着迷的100个宇宙奥秘

● 日食的影响

发生日全食时，当地的温度通常会下降至少20℃以上。在日全食期间，地平线的周围会有一个窄的光带，这是因为观察者并不是直接站在月亮的影子下面，地球和月亮有一定的距离。

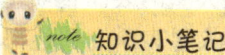
日全食

● 倍利珠

在太阳将要被月亮完全挡住时，在日面的东边缘会突然出现一弧像钻石似的光芒，好像钻石戒指上引人注目的闪耀光芒，这就是倍利珠。

●《日食和平条约》

公元前585年发生的日全食，还阻止了一场战争。当时，爱琴海东岸的两个部落正在交战，突然，明朗的天空一片黑暗。双方战士都很害怕，以为上天不喜欢他们互相交战，于是，双方立即签订了《日食和平条约》。

知识小笔记

我国有世界上最古老的日食记录，在3000年前就有关于日食的记录了。

火红的世界——火星

在我们看来,火星是一颗火红色的星球,它就像一颗燃烧着火焰的火球一样在天空中飘荡,因此人们把它比作是战神玛尔斯。在天文望远镜出现以后,科学家们最先发现火星只不过是一个反射太阳光的星球,它的表面是一个红色的世界。

火星的面貌

火星上到处都是碎石和沙子,在火星赤道上有一条巨大的裂谷,这个裂谷被称为水手峡谷。火星的两极被冰覆盖着,因此是白色的,但是这种冰不是我们在冬天见到的冰,而是干冰。

红色的火星

火星的表面物质里含有一种叫做氧化铁的物质,它在火星表面上到处都是,正是这种物质使火星看起来是红色的。

知识小笔记

火星的直径大约为地球的1/2,体积还不到地球的1/6,质量仅是地球的1/10。

地形引发的猜测

由于风沙的作用,火星表面到处是沙丘,还有类似河床的地形,这种河床地形在南半球及赤道附近分布,表明距今很久以前的火星上具有像现在地球上一样的河流,有"水"在流动。

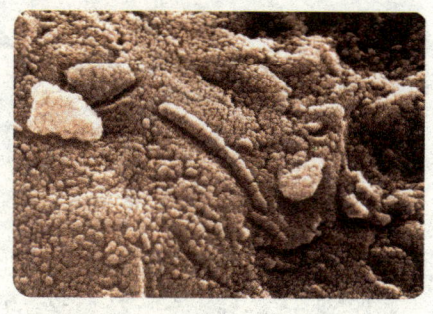

火星陨石中不寻常的管状结构,被认为是火星上曾经存在生命的证据。

巨大的温差

火星上的平均温度为零下 63℃,由于火星大气稀薄而干燥,不能及时地传递热量,所以它的昼夜温差很大,达到几十摄氏度,比地球上的昼夜温差大得多。

生锈的世界

在干燥的火星表面,遍地都是红色的土壤和岩石。科学家通过对其表面物质成分的分析得知,火星土壤中含有大量氧化铁,由于长期受紫外线的照射,铁就生成了一层红色和黄色的氧化物,于是,这里成了一个生了锈的红色世界。

荒凉之地——火星的奇景

火星表面充斥着荒凉，无尽的沙漠、连续不断的丘陵和洼地一直延伸向远方，表面布满乱石，这些与大峡谷、大火山及坑洞交织在一起，构成一个红色的世界。

火星尘暴 >>>

火星上每年都要刮起一次特大的风暴，这是火星大气中独有的现象。地球上的台风风速不过每秒60多米，而火星上的风速竟高达每秒180多米。整个火星一年中有1/4的时间都笼罩在漫天飞舞的狂沙之中。

▲ 2001年6月26日至9月4日，拍摄到的火星上的沙尘暴比较图。

火星运河 >>>

在19世纪的时候，一些天文学家用望远镜发现火星表面分布着纵横错落的河流，这些河流被认为是人工运河。今天对火星的探测表明，这些只是火星表面的裂纹而已，并不是什么人工运河。

令孩子着迷的100个宇宙奥秘

火星上的人脸

火星探测器曾经拍摄过一张有模糊人脸的照片，这曾经被看做是火星文明的标志，后来更清晰的照片显示这张人脸只是一座小山而已。

神秘的深洞

在火星的古老火山阿尔西亚山的背坡上有一个直径达150米的深洞，目前科学家还不知道这个洞是如何形成的，现在推测它可能是陨石撞击地层脆弱的火山坡后形成的。

▲火星上的弹坑看起来像一张快乐的笑脸

知识小笔记

水手峡谷是火星上最大的峡谷，它有大约3 000千米长，最宽处超过了600千米，最深处达8千米。

维多利亚陨石坑

维多利亚陨石坑是火星上一个巨大的陨石坑，它和一个体育场大小差不多。在剧烈的撞击后，火星的地层会露出来，这样就可以了解火星地壳的一些秘密。

▲被一些大陨石击穿，形成深洞的陨石坑。

Wonder of Mars

Solar System

151

太阳系巨人——木星

木星是太阳系中最惹人注目的一颗行星,它是八大行星中个头儿最大的,而且它的亮度仅次于金星。木星公转一周大约需要12年时间,每12个月出现一次,所以在中国古代,人们用它来纪年,称为岁星,也叫太岁。

太阳系的中心

木星有着巨大的质量和庞大的体积,它的质量是太阳系中其他8颗行星质量总和的2.5倍,直径约为14.3万千米,是地球直径的11.25倍;体积为地球的1 316倍。

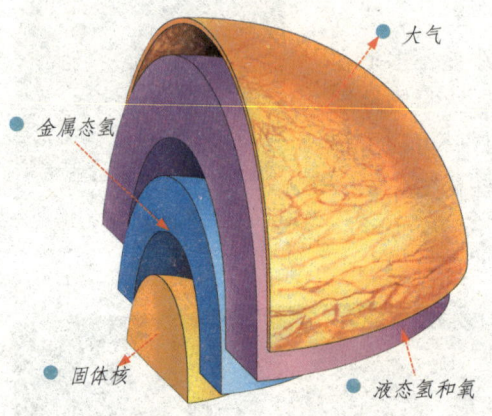

内部结构

木星的内部是由铁和硅组成的固体核,称为木星核,核外绝大部分是氢,液态的氢分子层与液态的金属层合称为木星幔。木星幔的外面是木星的大气层,其厚度有上千千米,几乎全由氢和氦构成,只有微量的甲烷、氨和水汽。

平坦的表面

因为木星是一个气体行星,它的表面有着大量的液态物质,所以木星的表面十分平坦,没有特别高的山峰,也没有特别低的深谷。

木星温度

木星内外的温度差异很大,包裹在浓密的大气中心的星核温度高达30 000℃,但是木星上低温区的温度可能会低至零下120℃。在这里,流淌在河流和海洋里的不是水,而是液态的氢和其他本来是气态的物质。

知识小笔记

木星有着数量非常多的卫星,现在人类已经确认木星至少有16颗卫星。

旋转

地心引力

快速自转的影响

木星快速地围绕自己的轴心旋转,以致其表面浓密的大气跟不上它的节奏,自转产生的巨大的离心力把大气分为平行的云带,尤其木星赤道附近,明暗相间的云带十分明显。

斑斓的背后——木星的奇景

初次看到木星的人一定为它那五彩斑斓的外表而惊叹，实际上我们看到的是它的气体外壳，不同地区的气体的温度和成分也不一样，因此颜色也就不一样了。

木星冲日

木星冲日是指地球、木星在各自轨道上运行时与太阳重逢在一条直线上。木星冲日时，木星亮度会增加，如果通过天文望远镜观测木星，可以清晰地看到木星的大气条纹和它的四颗伽利略卫星。只有地球轨道以外的行星才有冲日现象。

note 知识小笔记

木卫三的体积在木星卫星中是最大的，它的直径大约有 5 300 千米，比太阳系第一行星水星还要大。

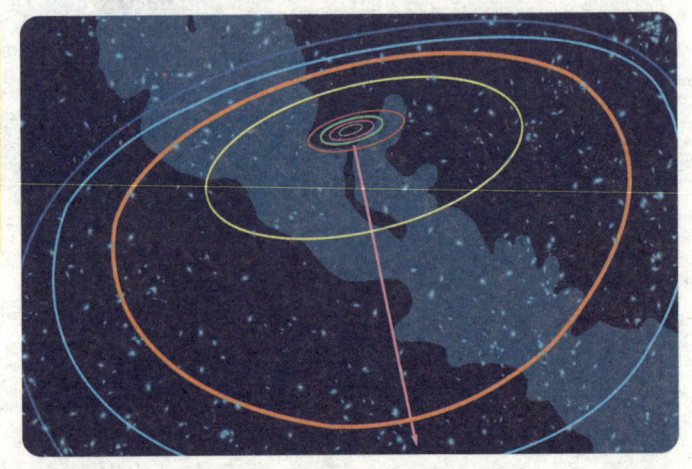

▶ 当太阳、地球和木星位于一条直线上的时候，木星会以最明亮的形态出现在星空，这个时候是观测木星的最好时机。

木星的大红斑

木星表面最引人注目、最著名的是位于赤道南侧的大红斑。它呈蛋形,长2万千米,宽1.1万千米。探测表明,大红斑的范围比100年前缩小一半,它的颜色有时鲜红,有时略带棕色或淡玫瑰色。

木星上的大红斑

木星上的极光

木星也有极光,它是除地球以外第二个被发现有极光景象的天体。它的极光可能也是高速带电粒子撞击极地大气引起的。

木星上的极光

木星的光环

通过分析空间探测器发回的照片,人们得知木星也具有光环,其宽度大约有8 000千米,厚度大约有30千米,这个光环由大量的尘埃和黑色石块组成,在地球上很难观测到。

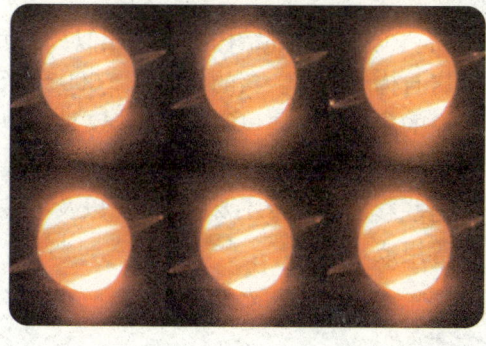
木星的光环

光环环绕——土星

土星是离太阳第六远的一颗美丽的行星，它那橘色的表面，漂浮着明暗相间的彩云，配以赤道面上那发出柔和光辉的光环，远远望去真像个戴着一顶大沿遮阳帽的女郎，凡是用望远镜看过土星的人，无不惊叹这宇宙的杰作。

土星概况

土星的大小仅次于木星，直径约12万千米，体积是地球的730倍，但是它的质量并没有相应地增长，所以它的平均密度比水还小，仅有每立方厘米0.8克。

土星的内部结构

土星的内部结构与木星相似，也有岩石构成的核。核的外面是5 000千米厚的冰层和金属氢组成的壳层。外面也像木星一样被色彩斑斓的云带包围着。这些彩色的云带主要由氢、氦以及甲烷等组成。

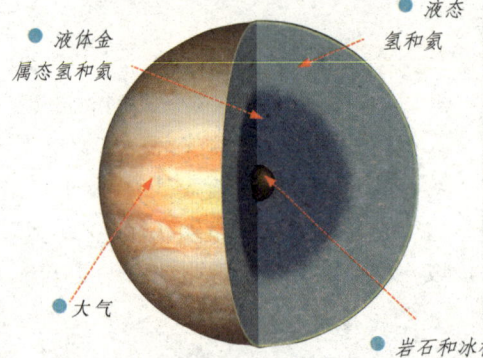

- 液体金属态氢和氦
- 液态氢和氦
- 大气
- 岩石和冰构成的内核

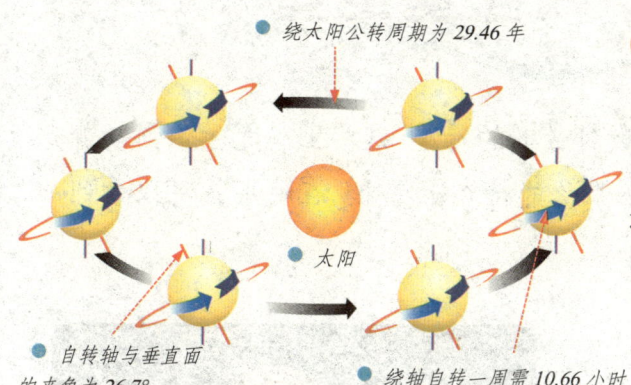

- 绕太阳公转周期为 29.46 年
- 自转轴与垂直面的夹角为 26.7°
- 绕轴自转一周需 10.66 小时
- 太阳

有趣的土星

土星是一个有趣的行星，它的运动相当迟缓，要花费 29 年多的时间才能围绕太阳旋转一圈，这和中国古代的二十八星宿相近，因此在古代土星被称为镇星。

知识小笔记

土星围绕太阳一圈大约需要 29 年，而它在赤道上自转一圈只要 10 个多小时，这样计算下来，土星上一年就是大约 2.6 万天。

比水还轻的行星

别看土星的个头很大，实际上它的密度比水还要小，如果能把土星放在一个巨大的海洋里，土星就会漂浮在水面上，不会沉到海底去。

土星的颜色

土星的颜色来自它的大气，这些大气含有不同温度的物质，它们聚合在一起，形成不同颜色的云带，这些云带大多是金黄色的，也有一些是橘黄色或者红色。

众多卫星——土星卫星

土星是太阳系中卫星数目最多的行星,这些土星之子们围绕着土星不断地旋转,如果你能待在土星上,在晚上就可以看到很多"月亮"。

土星卫星

到目前为止,人们一共确认了23颗土星卫星,其中大约有一半以上的卫星拥有自己的名字。这些卫星在不同的轨道上绕着土星运转,和土星一起构成土星系。

土星与它的卫星(前面最大的是土卫三)

土卫六

土卫六也叫泰坦星,于1655年被惠更斯发现。土卫六是人类发现的太阳系中唯一一个拥有浓密大气层的行星卫星,它的大气的主要成分是碳氢化合物,正是这些物质使土卫六呈现鲜艳的红色。

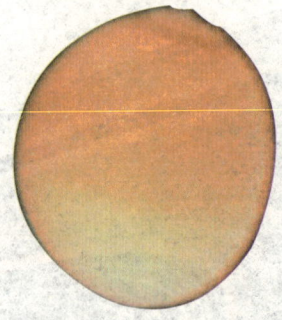

土卫六的大气并不是地球上的空气,而是氮气。

知识小笔记

科学家发现土星也有一个和木星一样的大红斑,长8 000千米,宽6 000千米,比木星的小许多。

🌞 三星一轨道

在土星众多的卫星中有一个奇怪的现象,虽然土星外的空间足够大,但是土卫三、土卫十六和土卫十七这三颗卫星却偏偏挤在一个轨道上,形成罕见的三星同居一个轨道的奇观。

🌞 土卫八

土卫八直径为1 436千米,大约是月球的1/3,它的一个半球黑暗无光,另一个半球却非常明亮。目前的看法是这两个半面上覆盖着不同的物质,导致土卫八成为一个有着截然不同的两面的卫星。

↑ 艺术家笔下从土卫八看土星的想象图

↑ 土卫四

↑ 土卫五

🌞 土卫四和土卫五

土卫四是土星的第四大卫星,它有一个复杂的表面。上面有许多大大小小的环形山,许多从外壳裂缝中渗漏出的白冰给土卫四的表面添加了许多纹理。土卫五稍大一点,它和土卫四看起来有一些相似。

躺着运行的行星——天王星

天王星是人类在近代发现的第一颗太阳系行星，它也是太阳系中第七颗被发现的行星。从直径来看，天王星是太阳系中第三大行星，不过天王星的体积虽然大，但是质量却并不大，甚至还没有个头比它小的海王星重。

躺着运行的行星

与太阳系中其他行星不同，天王星的赤道面与轨道面的倾角几乎为直角，也就是说，它的自转轴几乎是倒在它的轨道平面上，以躺着的姿势绕太阳运动，有人因此将它称为"一个颠倒的行星世界"。

庞大的体积

天王星的体积很大，它的直径为5万多千米，是地球的4倍多，体积相应的是地球的65倍，仅次于木星和土星，在太阳系位居第三，但是它的质量只是地球质量的14.5倍。

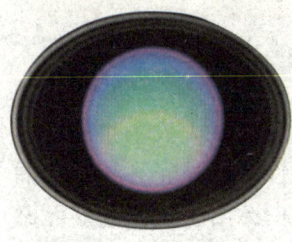

▲ 天王星的大气层中83%是氢，15%是氦，2%是甲烷及少量乙炔和碳氢化合物。

知识小笔记

天王星是英国天文学家威廉·赫歇尔在1781年用自制的反射式望远镜偶然发现的。

天王星的卫星

在 1985 年之前，人们只知道天王星有 5 颗卫星，它们几乎都在接近天王星的赤道面上绕天王星转动，随着人们的观测，截至 1999 年，天王星的卫星总数已达到了 20 颗。

天王星的光环

并不只是土星才有美丽的光环，天王星也有，过去人们认为它的光环是 9 条细环，但探测器的探测结果表明它的光环远不止 9 条，而且不同的环有不同的颜色，这些给这颗遥远的行星增添了新的光彩。

▲ 因为天王星的自转轴倾斜为 98°，以前的 5 颗天王星卫星都成了逆行卫星。

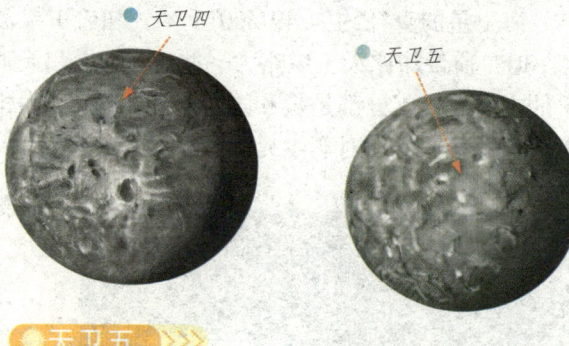

天卫五

天卫五的直径只有 484 千米，比较小，但它有着复杂的地形，包括高达 24 千米的山峰、坑坑洼洼的洞和数条线状的沟。天卫五的地貌成因迄今依然还是个谜。

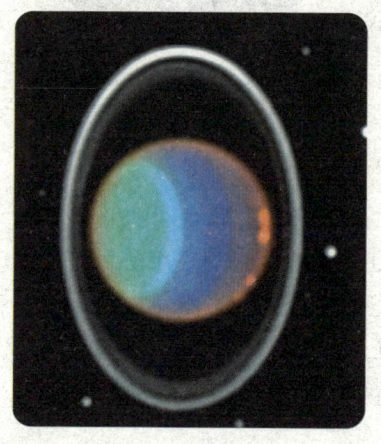

◀ 天王星的光环

风暴行星——海王星

海王星是近代人类发现的第二颗太阳系行星,按距太阳的平均距离由近及远排列,海王星排行第八。因为距离太阳系中心十分遥远,海王星的亮度只有7.85等,人们只有借助天文望远镜等工具才能看到它。

孪生兄弟

海王星的直径约为49 400千米,和天王星类似,但是质量却比天王星略大一些。海王星和天王星的主要大气成分都是氢和氦,内部结构也极为相近,它们就像是一对孪生兄弟。

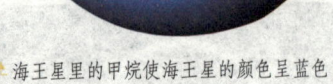

海王星里的甲烷使海王星的颜色呈蓝色

醒目的大黑斑

"旅行者"2号发回的照片显示在海王星的南半球有一个醒目的大黑斑,它的面积大约是木星大红斑的一半,它是一个大型气旋,这个气旋运动非常剧烈,使之变得混浊。

海王星的光环

目前天文学家确认海王星有 5 条光环，里面的 3 条比较模糊，可能是由卫星残片构成的，外面的两条比较明亮，比里面的环更完整，最外面的环只有几段弧特别亮。

海王星上的风暴

海王星上的风暴恐怕是太阳系所有行星中最猛烈的了，因为一些未知的原因，海王星上经常刮起大风，形成极强的风暴，狂风的速度达到了每小时 1 000 千米，这样的风暴可以一下子就把一辆卡车吹得无影无踪。

> **知识小笔记**
>
> 现在人类发现海王星有 8 颗卫星，其中大部分是探测过海王星的"旅行者"2 号探测器发现的。

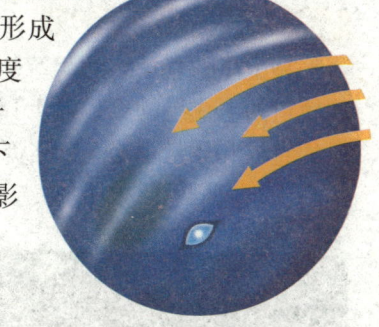

↑ 海王星是太阳系中风力最强的一个行星

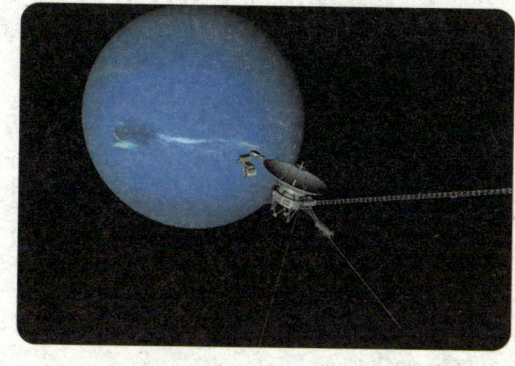

↑ "旅行者"2 号探测器对海王星进行探测

海王星的世界

"旅行者"2 号探测器发现海王星是一个狂风呼啸、乱云飞渡、富有生气的世界，大气中翻滚着许多湍急紊乱的气旋，形成了令人惊心动魄的风暴区，即使在地球上，也没有人能在这样剧烈的风暴中活下来。

被误会的行星——冥王星

冥王星曾经是距离太阳最远的行星,但是经过天文学家们不断的精密测量,发现它是大行星中一个另类,最后它被降级成为了矮行星。

引起误会的行星

冥王星的直径约为 2 274 千米,而和冥王星同轨道的卡戎星的直径为 1 180 千米。由于冥王星的直径和质量很小,自它被发现以来,关于它的身份,人们就争论不休。

● 核芯

● 水冰

● 1977年发现冥王星表面是冰冻的甲烷

冥王星

"变小"的冥王星

由于冥王星太暗太小,以至于人们在很长的时间里一直不能确定它的大小,起初它的直径被估计为 6 600 千米,比地球还大,因此被认为是太阳系第九大行星,但是随着观测技术的发展,科学家发现冥王星的半径很小。

冥王星的卫星是由美国海军天文台的克里斯蒂在1978年7月研究冥王星的照片时偶然发现的

难以分辨

由于冥王星离我们实在太远了，以至在大望远镜里也不能把冥王星和它的卫星分开。这好比气象站的风速计，一根横杆连着两个圆球，在疾风中旋转。从远处看去，两个圆球融成一体，只能察觉出它时圆时扁的变化。

低温世界

因为远离太阳，冥王星是一个极其寒冷的世界，它表面的温度极低，达到零下238℃，所有的气体物质都被冻结了。

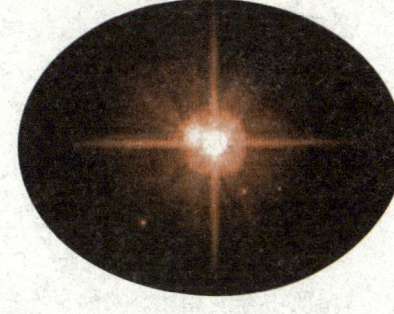

2006年3月的冥王星

待解之谜

过去，土星曾被视为太阳系的边界，后来随着天王星、海王星和冥王星的发现，太阳系边界一次次外延。偌大的太阳系中是否还存在冥外行星？目前还是一个众天文学家积极探索的待解之谜。

知识小笔记

国际天文联合会于2008年6月10日正式宣布冥王星将同一些"矮行星"一起被称为"类冥星"天体。

星空扫帚——彗星

彗星是一种奇特的星体,它包括彗核、彗发和彗尾三个部分。在古代,这种出没无常、形态怪异的天体,曾让人们惊恐不已。其实,彗星也和地球一样,是太阳系的成员之一,很多人也认为彗星是地球最大的威胁之一。

庞大的彗星

在太阳系里没有任何一个天体的体积可以和彗星所占空间相比,太阳也不例外。大的彗星,彗头的直径就有185万千米,相当于地球直径的145倍,小的彗星;彗头的直径也有13万千米,是地球直径的10倍多。

▲ 彗星是星际间物质,俗称"扫把星"。

彗星的身世

彗星的故乡是一个远离太阳的寒冷区域,这个区域里有无数的冰冷固体物质,当这些物质在运动中慢慢靠近太阳时,固体的冰物质开始融化并被蒸发掉,彗星就是这样形成的。

运行轨迹

彗星除了"长尾巴"的特点之外,还有它与众不同的运行轨道。彗星的运行轨道不像行星轨道那样是一个近似圆的椭圆形,而是一个极扁极扁的椭圆,甚至有些彗星还是抛物线或双曲线轨道。

知识小笔记

现在一些科学家认为地球上的水都是彗星带来的,在地球刚刚形成的时候,一颗巨大的彗星撞击了地球,给地球带来了很多水。

▲ 彗星的运行轨道示意图

彗星的组成

一颗完整的彗星是由彗核、彗发和彗尾三部分组成的。彗核是彗星的主要部分,它集中了彗星的大部分质量,彗核外面包裹着一层像云雾一样的东西,称为"彗发",它是彗核周围明亮的发光气体和尘雾,彗核和彗发合称"彗头"。

哈雷彗星

最出名的彗星就是哈雷彗星了。在18世纪的时候,英国著名科学家哈雷利用观测数据和牛顿的万有引力理论,成功地计算出这个彗星的回归周期是76年。

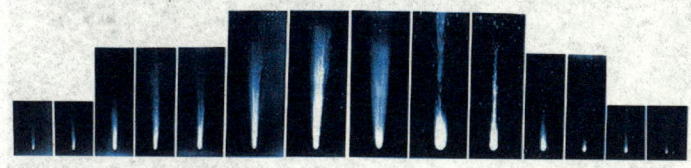

▲ 哈雷慧星是一颗被预测出时间而且经证实的大彗星。上图为哈雷彗星1910年4月26日到6月11日的情况。

星空使者——流星

我们所见到的流星是游荡在宇宙空间的小不点——流星体造成的，它们小的好比芥末，大的就像绿豆。流星体跑到地球附近，闯进大气层，就会与大气发生剧烈的摩擦，形成流星。当地球遇到流星群时，就会发生流星雨。

流星来源

流星的来源很多，最重要的来源就是瓦解的彗星。当彗星在围绕太阳运行的时候，会在自己的轨道上留下许多气体和尘埃颗粒，这些被遗弃的物质就成了许多小碎块，如果它们坠落到地球上，就成为流星。

狮子座流星雨

狮子座流星雨是历史上最罕见最壮观的周期流星雨之一，这些流星是同一颗彗星带来的。当流星雨发生的时候，暗淡的星空中不断地有明亮的流星划过，留下一道道美丽的轨迹。

燃烧的流星

流星燃烧的时候会发出光芒，这些光的颜色和流星所含物质和温度有关，如果流星中含有钠元素，在大气中摩擦燃烧的时候就会发出

▲ 火流星

火流星

如果一个流星体的质量比较大，那么它就可以到达低层大气中，并在燃烧的时候发出耀眼的光芒。有时候，它还会爆炸，发出震耳的声音，这种流星就被称为火流星。

● 有的火流星甚至在白天也看得见

突然降临

有时，我们会在夜晚的天空偶尔发现一个闪着光芒的流星，这种总是单个出现的流星称为单个流星或偶发流星。单个流星总是喜欢突然降临，它们出现的时间难以确定。

note 知识小笔记

早在2500多年前，人类就有关于流星雨的记录，但是科学家相信早在此之前人们就观测到了流星雨。

天外来客——陨石

陨星是有些较大的流星体在空气中未燃烧完而落到地上的遗留物，它们大小不同，形状各异。陨星被科学家们称为"来自宇宙的信使"，因为它的身上携带着很多信息，通过研究一颗陨石，我们可能获得关于宇宙演化的证据。

陨星的身世

流星体一般在大气中全部燃烧汽化，只有较大的流星体或微流星体可以陨落或飘落到地面，分别成为陨星和微陨星。至今为止，全世界收集到的陨星样品已近3 000次。

▲ 陨石是来自地球以外太阳系其他天体的碎片，绝大多数来自位于火星和木星之间的小行星。

陨石种类

陨石分为石质陨石、铁质陨石和混合陨石，石质陨石主要构成物是硅酸盐类物质；铁质陨石的主要构成物是金属态的铁和少量其他物质；混合陨石是含有硅酸盐物质和铁的陨石。

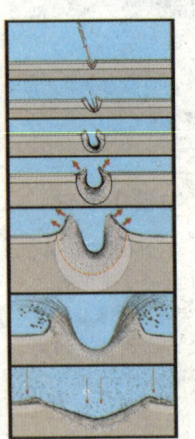

◀ 陨石形成过程

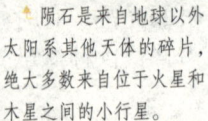 **知识小笔记**

1976年，我国吉林省吉林市降落了一场大陨星雨，事后共收集到100多块陨星标本，其中，"吉林"1号陨星就是目前世界上最大的石陨星。

陨铁

陨石中还可能含有大量的金属铁，在历史上，这类陨石为还不会冶炼铁的古人提供了天然的金属铁，据估计，人类最早制造的铁质器物所使用的铁都是来自陨铁。

▲ 陨铁

灾难使者

一些严重的陨星撞击事件（包括小行星、彗核和大流星体冲击地球），不仅会立刻导致大量生物死亡，而且还会留下经久不散的烟云，使地球气候骤变。

◀ 艺术家想象中小行星撞击地球的艺术画

陨星惹的"祸"

太阳系中的陨星是个爱"闯祸"的家伙，许多行星表面的环形山就是它砸出来的，地球表面也有许多的陨星坑，不过因为地表环境的变化，很多都已经看不见了。

▲ 陨石滑过地球

不安分的行星——小行星

在太阳系中，除了八颗大行星以外，还有成千上万颗我们肉眼看不到的小天体，它们也沿着椭圆形的轨道不停地围绕太阳公转。与八大行星相比，它们好像是微不足道的碎石头，这些小天体就是太阳系中的小行星。

小行星概况

大多数小行星的形状很不规则，而且表面粗糙、结构较松，表层由含水矿物组成。它们的质量很小，按照天文学家的估计，太阳系所有小行星加在一起的质量也只有地球质量的 1/40 000。

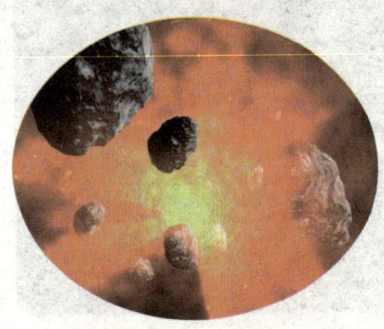

彗星的身世

小行星和它们的大行星同伴一起，一面自转，一面自西向东地围绕太阳公转。尽管拥挤，却秩序井然，有时一些小行星在木星引力的作用下，改变了自己原来的轨道，重新走上一条轨道。

令孩子着迷的 100 个宇宙奥秘

🔸 不安分的小行星 ▶▶▶

　　小行星带内有些活跃的小行星,要么跑到木星和火星附近,要么跑到火星与地球之间。在地球轨道附近运行的小行星被称做近地小行星,它们的总数大约有 2 000 多颗。由于近地小行星可能会飞向地球,因而受到人们特别的关注。

● 位于火星与木星之间的小行星带绕太阳一周大约需要 3～6 年的时间

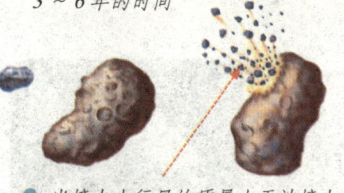

● 当撞击小行星的质量小于被撞击小行星的 1/50000 时,坑洼就形成了。

🔸 小行星带 ▶▶▶

　　在火星和木星之间,有一个由数 10 万颗小行星构成的带状区域,这就是著名的小行星带,太阳系里绝大部分小行星都集中在这个区域,这也引起了人们无限的遐想和猜测。

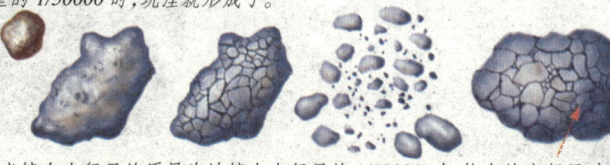

● 当撞击小行星的质量为被撞击小行星的 1/50000 时,较大的小行星破裂时,形成一个碎石球。

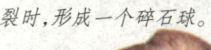
● 形成尘埃

● 当撞击小行星的质量大于被撞击小行星的 1/50000 时,后者碎裂,形成一个小行星群。

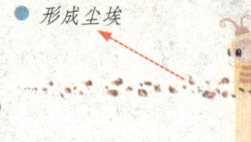

note 知识小笔记

　　现在人们大多相信,在 6 500 万年前,一颗小行星撞击地球,导致恐龙的灭绝。

Asteroid

Solar System

威力十足——天体撞击

人们也相信陨石撞击地球是恐龙灭绝的原因,这些结论最重要的事实根据就是发生在1994年的一次天体撞击事件:一颗被分裂为21块的彗星撞向木星,如果它撞击的是地球,那就意味着世界末日的到来。

主角简介

发生在1994年7月16日天体撞击事件中的主角有两个,我们大家都认识木星这个太阳系的明星,但是对另外一个主角也许就不那么熟悉了,它是苏梅克-列维9号彗星,是在1993年被业余天文学家苏梅克夫妇和大卫·列维发现的。

▲ 苏梅克夫妇

▲ 彗星撞击木星

大冲撞

从1994年7月16日20时15分开始,彗星的碎片开始撞击木星。撞击引起了巨大的爆炸,它的威力比地球上所有核武器同时爆炸还要强大上亿倍,遗憾的是当时的撞击点在背对地球的地方,地球上的探测器不能直接观测,只能看到一丝闪光。

通古斯大爆炸

1908年6月30日，地面上空6千米处的大气层发生了一次爆炸，位置在西伯利亚的通古斯河上方。这次爆炸是由一小块彗星或小行星的瓦解造成的。大约1 000平方千米以内的树木被彻底摧毁。

通古斯大爆炸想象图

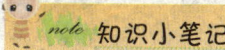知识小笔记

世界上最大的陨石坑是南非的弗里德堡陨石坑，它的直径有300千米，相当于17个北京市那么大。

地球上的陨石坑

地球上的每一块大陆上都可以找到陨星坑，在澳大利亚、欧洲和北美更多一些，并不是因为在这些地方坠落的陨星多，而是那些地区的地形没有发生太大的变化，使陨星坑得以保存下来。

陨石坑

奇卡拉布陨石坑

奇卡拉布陨石坑位于现今墨西哥尤卡坦半岛的海岸线下，它的直径为200千米。据科学家研究，它是在6 500万年前被一个像山一样大的石头撞击形成的，有些人认为正是这次撞击导致了恐龙的灭绝。

令孩子着迷的100个宇宙奥秘

人与宇宙

长久以来,人类就有着想要飞出地球的想法。在早期,人类有过对于飞行的美丽神话,也有过尝试飞行的惨痛失败,但是人类的航天事业还是一步步走到了今天。可能随着航天技术的进一步发展,人类甚至还会发现远在多少光年以外的外星朋友,也许就不再孤单地生活在茫茫宇宙中了。

观测星星——天文望远镜

对于现代的天文观测来说，天文望远镜有着不可替代的作用，因为它能使我们看得更清楚，看得更远，因此人们制造了各种各样的天文望远镜来观测天体。

● 天文望远镜的镜身是天文望远镜最主要的部分，它不仅起到支撑镜片的作用，而且还可提高望远镜的清晰度。

● 镜片

天文望远镜的镜片

天文望远镜的镜片可以聚集光线，使人能看到那些暗淡的天体，而且还可以使我们看到更清晰的天体图像。

天文望远镜的镜筒

天文望远镜的镜筒对观测有很大的影响。它不仅仅是为镜片提供一个支撑，还可以有效提高天文望远镜的观测能力，是天文望远镜不可缺少的一部分。

● 天文望远镜的支架

天文望远镜的支架

因为天文望远镜对稳定性要求很高，所以天文望远镜大多有一个支架，这样就可以使天文望远镜保持稳定。

牛顿的反射式望远镜

牛顿的反射式望远镜是一次非常大的进步，它现在几乎全用于探测天体。这种望远镜利用镜筒收集大量的光线，然后再把这些光线经过透镜的转化，成为清晰的图像。

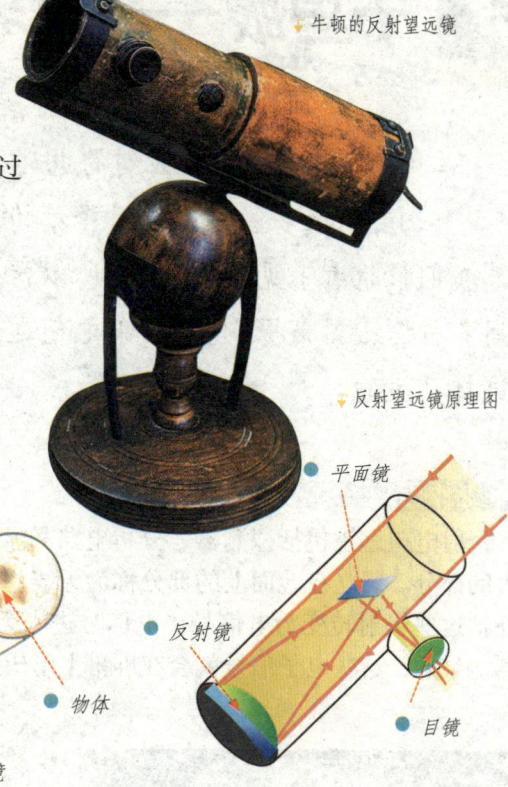

▸牛顿的反射望远镜

知识小笔记

现在世界上最大的光学天文望远镜是位于美国夏威夷玛纳肯基山上的凯克望远镜，其镜面的直径有10米，整个天文望远镜有数百吨重。

▸反射望远镜原理图

平面镜
反射镜
目镜

镜筒
物体
物镜
目镜

▸折射望远镜原理图

折射式望远镜

现在常用的天文望远镜是折射式天文望远镜。这种望远镜可以直接显示天体的图像，但是对于观测远处的天体，这种望远镜就很困难了。

千里眼——射电望远镜

人的眼睛能直接观测到的电磁波段很小，而很多星体变化时释放的却恰恰是我们眼睛看不见的电磁波，所以就必须使用各种探测器来探测星空，射电望远镜就是这样产生的。

工作原理

射电望远镜包括探测器、分析电路和显示器三个大的部分。竖立在地面上的部分称为天线，它负责收集宇宙中传来的电磁辐射，并把这些辐射转变为电信号。电信号进入无线电接收器，经过加强，输进显示器。最后，这些电子信号就会在屏幕上形成影像。

● 用来收集电磁波的装置

聚焦装置

现在常见的射电望远镜天线都有一个圆形的锅一样的装置，它实际上是一种能把接收到的电磁波聚集到一点的装置，是射电望远镜不可缺少的部分。

清晰的图像

射电望远镜可以把天体看得非常清楚，尤其是那些星云。如果没有射电望远镜，很多星云我们都看不见，或者是看的不完整。

射电望远镜阵列

和单个天线相比，拥有多个天线的射电望远镜阵列在天文观测上具有更大的优势，它可以把天体看得更清楚，所以科学家们喜欢使用射电望远镜阵列。

↑ 射电望远镜下清晰的图像

note 知识小笔记

位于加勒比海的波多黎各岛上的阿雷西沃射电望远镜，是目前世界上最大的射电望远镜。

射电望远镜的功绩

射电望远镜对现代天文探索有非常重要的贡献，自从 20 世纪 50 年代以来，许多重要天文现象和天体都是用射电望远镜发现的。

太空之眼——太空望远镜

著名的哈勃空间望远镜,是目前最先进的太空望远镜。它的诞生就像16世纪伽利略望远镜的出现一样,是天文学发展道路上的一个里程碑。

哈勃简介

1990年4月,美国航空航天局的"发现"号航天飞机将哈勃望远镜送入太空,从此,它就在离地球表面590千米高空的轨道上运行。哈勃望远镜的重量有11.6吨,光学透镜直径达2.4米,其观测能力非常强大,可以接收到很远的天体发出的微弱光线。

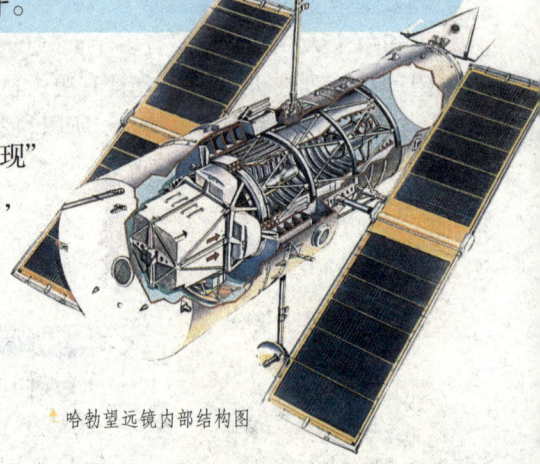

哈勃望远镜内部结构图

知识小笔记

对远方天体运动的观测是哈勃望远镜最重要的任务。

工作的秘密

在太空里,哈勃太空望远镜的使用受到很多限制,它不能使用常规电源、旋转座架及用光缆线来连接监控计算机,而要使用提供能量的太阳能电池板——用来调整方向的反应轮及与地球交流的无线电天线。

▲ 哈勃望远镜监测中心

卓有成效的工作

哈勃望远镜由美国马里兰州戈达德太空飞行中心发出的无线电指令控制,截至目前,它已通过向地面上的天文学家们发送无线电波的方式提供了一些极有价值的图片。

先进设备

哈勃太空望远镜携带了宽视场行星照相机、暗弱天体照相机、暗弱天体摄谱仪、高分辨率摄谱仪、高速光度计以及精密制导遥感器等先进设备。

▲ 正在工作的哈勃望远镜

哈勃的优势

宇宙中的天体辐射到地球的光线会被地球的大气层阻挡或折射,使望远镜接收到的天体影像模糊不清,而哈勃望远镜处在没有大气影响的太空轨道上,因此它拍摄的星空图片的质量要比地面上的大型望远镜拍摄的图片好得多。

凝视天空——天文台

天文学家要观测天空,就需要一个固定的地方来容纳大型天文观测仪器,因此天文台就这样诞生了。天文台不仅是专业的天文观测场所,也是对人们进行科学教育的重要场所之一。

☀ 天文台的选址

世界上的光学天文台大多建立在高山上。这不是为了更接近星空,而是因为高山上观测环境好,空气质量稳定,晴天多,光污染小,不易受到人为干扰。

▲ 天文台的选址必须精心慎重,尽量减少不利因素,否则会影响观测效果。

☀ 天文台的屋顶

装有光学天文望远镜的天文台的顶部都是半球形,可以转动,这样当天文学家需要跟踪观察某一个运动的星体的时候,就可以转动望远镜,实现持续观测这个天体的目的。

● 半球形的顶部可以随意打开窗口,以便观测

第谷天文台

著名天文学家第谷·布拉赫终生致力于天文仪器制造和天文研究。1576年，他在赫芬岛上修建天文台，这座天文台被誉为"天堡"，它规模宏大，设备齐全，所用的天文仪器几乎都是第谷自己设计制造的。

▸ 第谷天文台

玛雅古天文台

玛雅古天文台建于公元1世纪，它是一组建筑群，从一座金字塔上的观测点望去：东方、东北方和东南方的庙宇分别是春（秋）分、夏至和冬至日出的方向。

▸ 玛雅古天文台

知识小笔记

天文台不仅是观测的地方，也是发布时间信息的科学机构。

格林尼治天文台

世界著名的英国格林尼治天文台建于1675年。1884年华盛顿会议决定格林尼治时间为世界标准时间。院内的子午线标志，即零度经线，为东西半球的分界线。

登天的梯子——火箭

火箭是唯一一种可以飞到太空中去的飞行器。自从诞生以来，世界各国已经发射了很多次火箭，把许多人造飞行器送到了太空中，为人们探索太空立下了很大的功劳。

工作原理

火箭的工作利用了"作用力和反作用力"的原理。火箭燃料燃烧，产生了高温高压气体。这些气体从尾喷管高速喷出，在反作用力的作用下，箭体就向前飞去。

推力

重力

飞行原理

火箭推进的理论依据是牛顿的第三定律：作用力与反作用力大小相等，方向相反。比如一个充满了空气的气球，如果放开气球的出气口，气球里的空气就会喷出来，而气球也会向相反的方向运动。火箭的飞行也是这个道理，只不过它需要大量的能量而已。

火箭的分类

现代的火箭按其发动机使用的能源不同,可分为化学火箭、核火箭和电磁火箭。其中化学燃料火箭的用途最广泛,也是使用最多的一种。化学火箭以使用不同性质的燃料又可以分为固体火箭和液体火箭。

● "土星"5号火箭在美国肯尼迪发射中心发射升空的景象

知识小笔记

最小的运载火箭只有10.2吨,推力125千牛,只能将1.48千克重的人造卫星送入近地轨道。

运载火箭

运载火箭是一种运载工具,它负责把人造卫星、载人飞船、空间站或空间探测器等送入预定轨道。它们一般都是多级火箭,有2~4级。许多运载火箭的第一级外围捆绑有助推火箭,又称零级火箭。

◀ "土星"系列运载火箭是美国国家航空航天局专为"阿波罗"登月计划研制的大型液体运载火箭。

多级火箭

为了有效提高火箭的飞行速度,解决其速度与重量之间的矛盾,科学家们研制出了多级火箭。这种火箭是分为一级一级的,烧完一级就扔掉一级,这样火箭的速度就越来越快。最后,由火箭的最末一节把卫星"顶"到预定轨道。

进入宇宙——航天飞机

随着航天技术的发展,人类开始追求航天运载工具重复使用,于是航天飞机出现了,这是一种特殊的航天运载工具。它不仅可以执行航天器的任务,如对天地进行观测等,同时也具有载人航天器的功能。

● 固体火箭助推器

● 外挂燃料箱

● 轨道飞行器

航天飞机的结构

航天飞机由可回收重复使用的固体火箭助推器、不回收的两个外挂燃料贮箱和能多次使用的轨道器三个部分组成。

▶航天飞机的结构

"哥伦比亚"号航天飞机

"哥伦比亚"号航天飞机是第一架成功实现近地轨道飞行的美国航天飞机。然而很不幸的是,2003年2月1日它在执行第28次任务时,于返回途中与控制中心失去联系。不久后在得克萨斯州上空发生爆炸,机上7人全部遇难。

"挑战者"号航天飞机

在继"哥伦比亚"号之后,美国航空太空总署又将"挑战者"号送入太空。它于1982年完工启用,在1986年1月28日执行第10次航天任务,在升空73秒后,燃料箱突然发生爆炸,导致"挑战者"号坠毁。

"挑战者"号航天飞机发生爆炸的情景

知识小笔记

于1991年建造的"奋进"号是美国宇航局航天飞机家族中的最新成员。

"亚特兰蒂斯"号航天飞机

"亚特兰蒂斯"号航天飞机是美国国家航空航天局研制开发的第四架航天飞机。1985年10月3日,是它进行首次飞行的日子,但此次飞行的任务被视为国防机密,因此并没有对外公开。

环绕地球飞行——人造卫星

人造地球卫星是无人航天器的一种，它环绕地球飞行，并且在空间轨道能运行一圈以上。人造卫星也是发射数量最多、用途最广、发展最快的航天器。

运动轨道

人造卫星的运动轨道取决于卫星的任务要求，分为低轨道、中高轨道、地球同步轨道、地球静止轨道、太阳同步轨道，大椭圆轨道和极地轨道。

静止卫星

地球静止轨道卫星运行在距地面35 800千米的卫星轨道上。它沿地球赤道上空飞行，与地球自转方向相同，围绕地球旋转的周期与地球自转周期也完全相同，都是大约24小时，因此相对位置可以保持不变。这种卫星可与地面站之间进行不间断的信息交换，大大简化了地面站的工作。

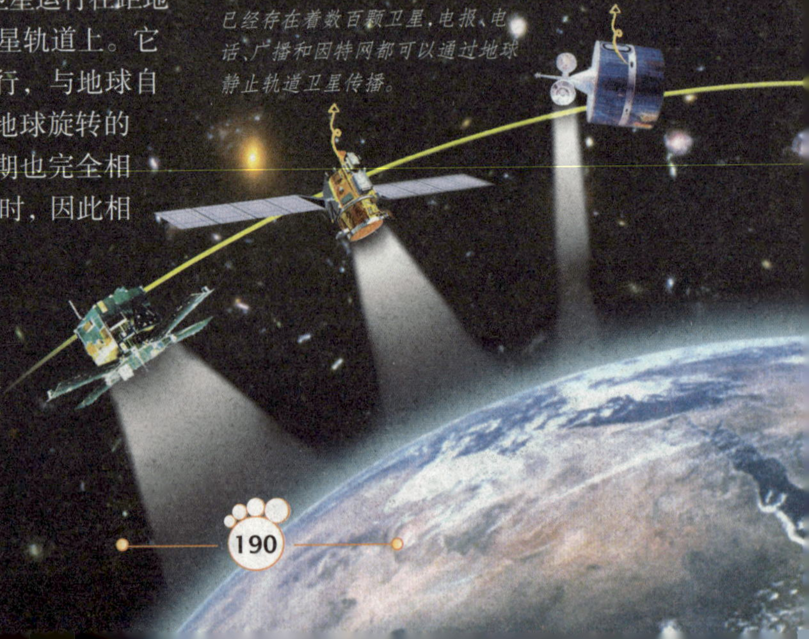

- 到现在为止，地球静止轨道上已经存在着数百颗卫星，电报、电话、广播和因特网都可以通过地球静止轨道卫星传播。
- 风云二号静止轨道气象卫星

人造卫星的组成

人造卫星一般由专用系统和保障系统组成。专用系统是指与卫星所执行任务直接有关的系统，也称为有效载荷。保障系统能够保障卫星和专用系统在空间正常工作，也称为服务系统。

技术试验卫星

技术试验卫星是进行新技术试验，或为应用卫星进行试验的卫星。

- 人造卫星
- 信号从北半球发送到人造卫星
- 信号被人造卫星转送到南半球
- 光线

知识小笔记

"斯普特尼克"1号是世界上第一颗人造卫星。

科学卫星

科学卫星是用于科学探测和研究的卫星。主要包括空间物理探测卫星和天文卫星，用来研究高层大气、地球辐射带、地球磁层、宇宙线、太阳辐射等，也可以观测其他星体。

精准定位——卫星导航

当人类将卫星送上天空以后,预示着未来的导航将进入一个崭新的时代,全球卫星定位系统(GPS)就是这样一个卓越而准确的导航系统。

全球卫星定位系统

全球卫星定位系统是运用现代先进技术开发的尖端导航系统,它运用至少三颗人造卫星,在极短的时间里确定地球上某个目标精确的地理位置。

> **note 知识小笔记**
>
> 欧盟于1999年初正式推出"伽利略"计划,部署新一代定位卫星。

第二代全球定位系统

20世纪90年代以后,全球卫星定位系统在海湾战争中发挥了巨大作用,美国军方看到了它的强大潜力开始不断研究。经过20余年的研究实验,耗资300亿美元,到1994年3月,全球覆盖率高达98%的24颗全球定位系统卫星星座已布设完成。

🌞 广泛应用

全球卫星定位系统的应用相当广泛，在汽车、轮船和飞机的导航、交通管理等方面起着举足轻重的作用。在科学探险和旅行方面，它的全球定位也为那些身处复杂环境中的人们指明了道路。

🌞 工作原理

用户接收卫星发射的信号，从中获取卫星与用户之间的距离、时钟校正和大气校正等参数，通过数据处理确定用户的位置。而在用户的全球定位系统接收装置上会出现地图和所在位置的指示。

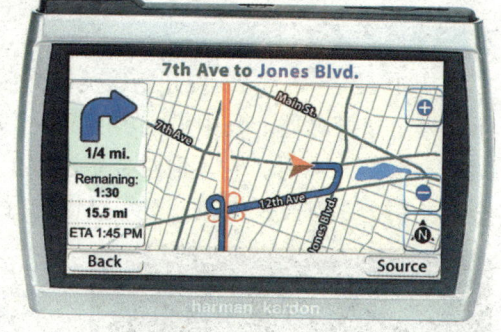

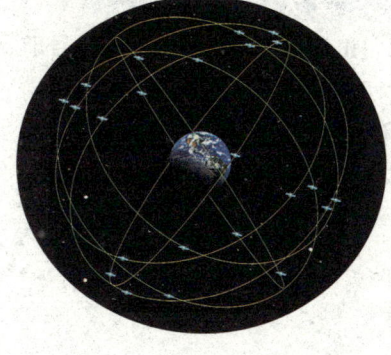

🌞 太空中的原子钟

因为全球卫星定位系统对时间要求非常高，误差要控制在纳秒级，所以导航卫星上装载着原子钟，这样既可以获得非常精确的时间，又能比较稳定地运行。在太空中，时钟走得会比地面上慢，因此不得不加入时间修正，以减少定位误差。

访问地球的邻居——行星探测器

航天事业轰轰烈烈地发展了几十年,人类并不仅仅满足于探索自己居住的地球和赖以生存的太阳。人类已经向太阳系中派遣了几十个探测器,这些探测器帮助人类捕获了很多资料,让生活在地球上的人们更加了解这些"邻居"。

"水手"号金星探测器

从1962年7月22日开始,美国先后发射了10个"水手"号金星探测器。其中最成功的要数1973年11月3日发射的"水手"10号,它不但对金星进行了探测,而且还借助金星的引力3次飞跃水星,对水星也进行了成功的探测。

↑ "水手"号金星探测器

"尤利西斯"号太阳探测器

1990年10月6日,美国"发现"号航天飞机将"尤利西斯"号太阳探测器送入太空。它的任务是探测太阳两极的磁场、宇宙射线、宇宙尘埃、X射线和太阳风等。

太阳是"尤利西斯"号的探索目标,它最重大的发现全都与太阳有关,使人类对太阳的认识上升到一个新高度。

☀ "火星拓荒者"号

1997年7月4日，美国的"火星拓荒者"号太空船降落在了火星表面。它的任务就是搜集火星表面的数据，拍摄火星照片并且将其传回地球。"火星拓荒者"的成功登陆，也为日后登陆太空船和探测车的设计作出了重要贡献。

▶ "火星拓荒者"

▲ "信使"号水星探测器对水星进行探测

☀ "信使"号水星探测器

这枚水星探测器是美国在2004年发射升空的。它由美国宇航局、卡内基学院以及约翰·霍普金斯大学共同研制，由"德尔塔2号"火箭送入太空。它将在2011年3月进入预定轨道，对水星开始进行为期1年的探测工作。

☀ 中国的地球探测器

中国的"实践"系列卫星既是技术实验卫星，又是科学探测卫星。它们的主要任务是在太空中观测地球以及其周围的空间环境，同时还有关于很多新技术的试验。

note 知识小笔记

日本也曾发射过自己的火星探测器——"希望"号。但是它在升空后故障一直不断，经过了几次维修，它成功的希望还是很渺茫。

探索土星——"卡西尼"号探测器

"卡西尼"号探测器是美国国家航空航天局、欧洲航天局和意大利航天局的一个合作项目,主要任务是对土星系进行空间探测。

探测任务

"卡西尼"号探测器以意大利出生的法国天文学家卡西尼的名字命名,其任务是环绕土星飞行,对土星及其大气、光环、卫星和磁场进行深入考察。

漫长的征程

"卡西尼"号在4年中多次飞经土卫六表面约950千米的上空,并计划向这颗卫星投下"惠更斯"号探测器。科学家认为,人类可能会在土卫六上找到地球如何形成有利于生命生长环境的线索。

"惠更斯"号探测器

"惠更斯"号探测器和"卡西尼"号一起飞抵土星,不过它的探索目标是土卫六,它将登陆土卫六,对这颗土星卫星进行详细的探测。

怪异的飞行曲线

根据引力助推原理,科学家们为"卡西尼"号设计了一条通往土星的智慧曲线,它的飞行轨迹是一条旋转的曲线,是若干条双曲线截线的组合,看起来就像田螺背上的螺旋。

"卡西尼"号探测器经过漫长的太空旅行到达土星轨道,对土星进行科学考察。

知识小笔记

1997年10月15日,"卡西尼"号发射升空,以12.4千米/秒的速度摆脱地球引力向太空飞去。

星际旅行者——"先驱者"10号和11号

在第一颗人造卫星发射成功后不久，人类就开始了太空探测器的研制。20世纪70年代中期，美国科学家决定派遣探测器，对太阳系中距离地球遥远的几大行星进行长期的探测活动，其中最著名的当属"先驱者"系列探测器。

"先驱者"10号

"先驱者"10号探测器是一种六面体环形结构的探测器，携带有十几种科学仪器和设备，主要设备有控制探测器姿态的火箭发动机，用来和地球沟通的通信设备，还有一架核能发电装置。

"先驱者"10号和11号探测器上各自携带了一张特殊的地球名片。名片上有一男一女的人像，男人右手举起表示向地球以外的智慧生命致意。

知识小笔记

到1997年3月，"先驱者"10号已经飞到了距离地球100亿千米的宇宙空间。

穿越小行星带

1972年3月3日，"先驱者"10号被送入太空。在穿过小行星带时，虽然险象环生，但最终却完好无损地闯过了这个"鬼门关"，这也使科学家们认识到小行星带并不像想象中那么可怕，为以后的宇宙航行打开了新的大门。

探测木星

1973年12月，"先驱者"10号抵达木星附近，并从距离木星13万千米的地方发回了第一批300多张木星的近景照片，使人们第一次清楚地认识到木星有辽阔的磁场和巨大的辐射带。

飞出太阳系

1983年6月13日，美国宇航局宣布，经过11年的飞行，"先驱者"10号已经长途跋涉了56亿千米，成为飞出太阳系的第一个人造探测器。

"先驱者"11号

1973年4月6日，继"先驱者"10号奔向太空后，美国又发射了"先驱者"11号探测器。它在1974年和1979年分别完成了对木星和土星的探访后，又向前飞去。1995年，科学家终止了与它的联系。

"先驱者"的姐妹——"旅行者"1号和2号

当人们提起对宇宙未知的空间探索,除了提到的"先驱者"10号和11号探测器之外,还会提到另两个探测器,因为它们比"先驱者"10号和11号的功劳更大,知名度更高。这两个探测器就是"旅行者"1号和2号。

"旅行者"号探测器

"旅行者"1号和2号是美国于1977年8月20日和9月5日发射的两枚行星探测器,它们的主要任务是考察太阳系的各个行星。

▲ "旅行者"1号是一艘无人外太阳系太空探测器,目前它是离地球最远的人造飞行器。

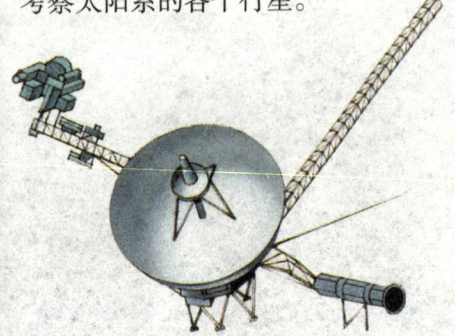

▲ "旅行者"2号是第一艘拜访天王星和海王星的宇宙飞船

令孩子着迷的100个宇宙奥秘

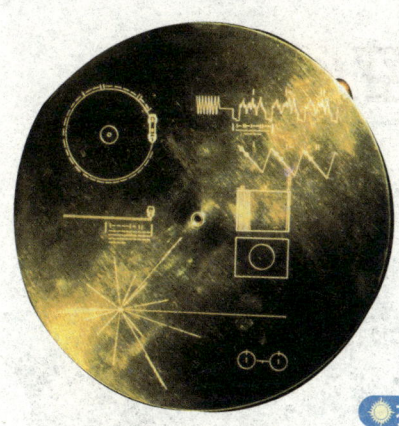

▲"旅行者"探测器携带的"地球之声"唱片

知识小笔记

科学家们预测,"旅行者"2号大约在4200年飞过罗斯-248星,到296 000年将飞过天狼星。

特殊使命

另外,"旅行者"探测器还负有一个特殊的使命,就是将地球上的声音、图像带往太空,寻访地外文明。它们带有一张镀金铜板制成的"地球之声"唱片,可播放120分钟。上面刻有115幅图片、60种语言的问候语,还有自然界的声音和多首世界名曲和民乐。

探索的成果

1980年11月13日,"旅行者"1号飞过土星的时候,发现了土星周围环绕着美丽的环形彩带。它还对土星周围的卫星进行了探测,纠正了人们一直以来认为"土卫六是太阳系中最大的卫星"这一错误。"旅行者"2号于1981年8月26日经过这里,给人类传回了一万多张土星的照片。

为太阳系合影

1990年初,"旅行者"1号在距离地球59亿千米的地方,成功地拍到了64张木星、土星、金星、天王星、海王星和地球六大行星的合影照片。后来,科学家利用这些照片镶嵌成一幅太阳系"全家福"。

▲为太阳系合影

太空工作间——空间站

随着航天事业的不断发展，在太空中的短期停留已不能满足人类研究的需要，而空间站可以提供人类长期在太空工作、生活的空间和必要条件。它就像是研究人员在太空中的家；也像是太空中的驿站，逐渐拉近人类与远处天体的距离。

知识小笔记

国际空间站从1998年发展到现在初具规模，已完成部分模块的组装。

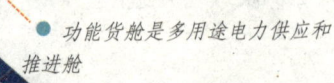

- 节点舱用作连接
- 服务舱带有环境控制和生命保障系统，以及宇航员们的卧室、餐厅和盥洗室。
- 功能货舱是多用途电力供应和推进舱

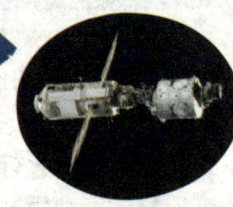

▲ 节点舱与货舱对接

空间站的组成

空间站作为宇航员在太空中长期工作和生活的地方，一般都有数百立方米的空间。具体划分为很多不同的区域，有过渡舱、对接舱、工作舱、服务舱和生活舱等。一个空间站通常有数十吨重，由直径不同的几段圆筒串联而成。

令孩子着迷的100个宇宙奥秘

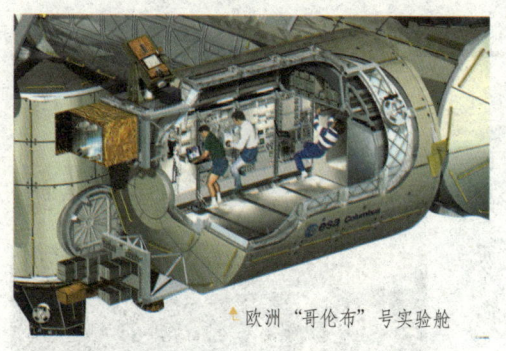

▲ 欧洲"哥伦布"号实验舱

具体分工

过渡舱是宇航员进出空间站的必经通道。对接舱是空间站的重要组成部分，是其他载人飞船和航天器的停靠码头。工作舱，顾名思义就是宇航员进行太空工作的场所。生活舱则提供给宇航员舒适的生活环境。

太空实验室

太空实验室主要是在太空中进行短期的实验。它上面只携带着各种太空实验仪器和设备，没有自主飞行能力，从飞行条件、生活条件、能源条件、实验保障条件等各个方面，都依附于航天飞机。

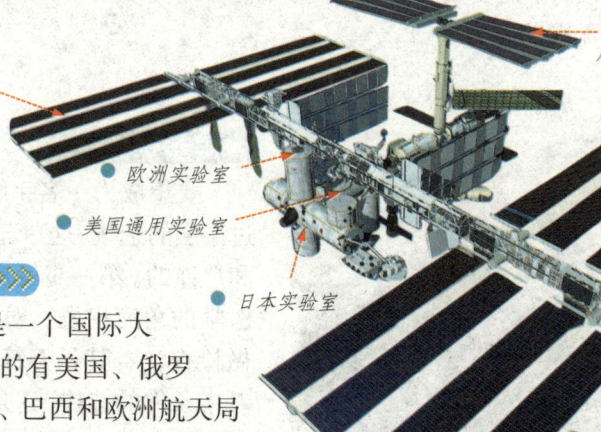

- 太阳能电池面板将太阳能转化为电能供空间站使用
- 欧洲实验室
- 美国通用实验室
- 日本实验室
- 热度面板 用来控制温度
- 太阳能电池板 总面积4 000平方米

国际大联合

国际空间站是一个国际大合作的项目，参与的有美国、俄罗斯、日本、加拿大、巴西和欧洲航天局的11个成员国共16个国家。这是人类航天史上首次多国合作完成的空间工程，规模浩大。

太空工作者——宇航员

宇航员是专门在太空中工作的人员,主要负责各种航天器的驾驶、维修和管理,以及在航天过程中的生产、科研和军事等工作。

良好的素质

宇航员首先要具备良好的身体素质,这样才能很好地适应太空中的特殊环境。其次就是心理素质,宇航员要有适应寂寞、消除紧张和排解无聊的能力。

▲ 在如此狭窄的空间工作,宇航员所要承受的心理压力可想而知。

● 在模拟状态下体验失重

层层选拔

要想成为一名宇航员,一开始就要经过层层的选拔。这一选拔过程是非常严格和严谨的。第一步就是进行身体检查,从医学的角度出发,对候选人的身体状况做检查,看其是否符合标准。第二步是基本条件的选拔。这是一轮书面选拔,主要考虑年龄、身高、体重等一些基本条件。最后是心理和适应能力的考核。

体能训练

经过了层层选拔并不意味着就可以成为一名合格的宇航员。职业的宇航员一般还要经过3~4年的特殊训练。其中体能训练是很必要的,主要是通过一些体育项目的训练,如游泳、球类等。

特殊训练

宇航员的工作地点非常特殊,太空环境会让人产生种种不适。因此他们要经过一系列特殊的训练,使其能够更好地适应太空环境。超重训练、失重训练和低压训练等是宇航员必须经过的"考验"。

训练设备

特殊的训练就需要有特殊的设备。对宇航员训练的主要设备有计算机辅助训练器、各系统训练器、飞行训练模拟器、实体训练模拟器、人用离心机和中性浮力水池等。

航天员在模拟航天器环境中进行操作训练

知识小笔记

前苏联的尤里·阿列克塞纳维奇·加加林是第一个进入太空的人。

别样体验——生活在太空

宇航员在太空的生活，与人们在地球上的生活远不一样。主要的不同就在于重力的消失，一切物体在太空中都处于一种漂浮的状态。很多活动在地球上可能很容易完成，但是到了太空中却需要科学家们进行特殊的设计。

▲ 美国"阿波罗"飞船和前苏联"联盟"号飞船在对接后，美国航天员品尝前苏联"牙膏式"的食品。

太空中饮食

为了保证宇航员在太空中的营养，太空食品要经过特殊的设计。在失重情况下，食物在进食时会产生碎屑，而这些碎屑会漂浮在舱内，污染舱内环境。现代的太空食品种类很多，有复水食品、天然食品、热稳定食品等，另外还有饮料。

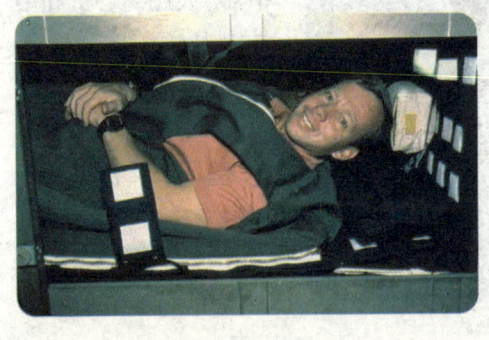

▲ 宇航员进入睡袋，准备休息。

太空中睡觉

现代的载人航天器中，有睡袋、睡铺或者睡眠间。没有了地心引力，宇航员在睡眠过程中就没有了躺在床上的感觉。而睡袋有特殊的束缚装置，可以将宇航员的身体、头部与支撑垫和枕头贴紧，让宇航员有类似于在地球上睡觉的感觉。

☀ 太空医疗

宇航员在太空中工作时间会很长,他们的身体状况也需要做定期的检查。科学家们在载人航天器上安装了专门针对宇航员的医学监测和监视设备。另外在舱内,还有专门的药箱,里面配备了各种常用药。

▶ 航天器上备有急救箱,以防一些突发性医疗事故。

note 知识小笔记

最年长的宇航员是美国的约翰·格林,在他已经 77 岁高龄的时候,还执行了 9 天的飞行任务。

☀ 卫生系统

在太空中生活,日常必要的卫生活动也可以在航天器中完成。科学家们经过了缜密的思考,用抽吸泵解决了上厕所和洗澡的问题。电动剃须刀可在太空中直接使用。

▶ 太空厕所

☀ 必要的娱乐

除了工作,娱乐对宇航员来说也是十分必要的。透过窗户观察地球或宇宙,是宇航员们最常用的休闲方式。现代的科学技术,可以让远在太空的宇航员与家人通话,也可以让他们在航天器内听音乐、看电影,甚至下跳棋。

▶ 娱乐可以缓解航天员紧张的神经,调节他们疲惫的身躯,消除他们的寂寞。

月球之旅——"阿波罗"计划

在诸多的登月计划中,美国的"阿波罗"计划可以说是人类航天史上的一次壮举。这一计划从1961年开始到1972年结束,先后6次登月将12名宇航员送上月球并安全返回。人类对太空的研究进入了一个新的时期。

早期的"水星"计划

著名的"阿波罗"计划中的第一步被命名为"水星"计划,目的是测试人在太空中的活动能力。1963年5月15日,"水星"1号载人飞船发射,顺利完成任务,"水星"计划结束。

"阿波罗"飞船

"阿波罗"登月计划是从1961年开始实施的。飞船由指令舱、服务舱和登月舱三部分组成,重50吨,高25米,"土星"5号运载火箭承担了此次运载任务。

▲ 承载"阿波罗"号飞船的"土星"5号火箭准备发射

"站着"登陆

由于设计上的问题,准备登月的宇航员无法透过登陆舱的窗户看到月面的情况,这对准备着陆的飞船来说是很危险的。最后,有人想到用"站着"的方法解决这一问题。在登月舱中站着,眼睛就可以贴近窗口向下看。即使将窗口设计得小一些,也不会影响舱内宇航员的视野。

> **知识小笔记**
>
> 前苏联的瓦林金娜·弗拉基米洛夫娜·捷列什科娃是世界上第一位女宇航员。

人类的一大步

阿姆斯特朗是踏上月球土地的第一人。当"阿波罗"11号的登月舱"飞鹰"号安全着陆之后,阿姆斯特朗用无线电向地球传达了这一消息。他在月球上留下了人类的第一个脚印。虽然这是他在月球上迈出的一小步,却是人类航天史上的一大步。

▲ 阿姆斯特朗在月球上留下人类的第一个脚印

实现登月

宇航员阿姆斯特朗、科林斯和奥尔德林是首批登上月球的宇航员。1969年7月20日16时17分,登月舱载着阿姆斯特朗和奥尔德林降落在月球上,人类真正实现了自己的登月梦想。

现代奔月——"嫦娥计划"

世界上一些发达国家相继完成了自己的登月计划。在人类探月的进程中,中国也不甘落后,推出了自己的"嫦娥计划"。在古代,中国就有着"嫦娥奔月"的美丽传说。到了科学技术高度发达的现代,中国人要让"嫦娥"真的能够登上月球。

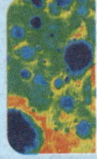

▲"嫦娥"1号卫星拍摄的万户撞击坑照片(中)及其伪色彩照片(左、右)。

初步计划

"嫦娥计划"是中国首个月球探测计划,分为三个发展阶段,即"绕、落、回"。也就是第一步首先实现环绕月球飞行,对月球进行考察;第二步实现月球登陆,对月球进行实地探测;第三步将实现机器人登月,采集月球样本并返回地球,为进一步载人登月作准备。整个计划预计20年完成。

知识小笔记

通过"嫦娥计划"的不断实施,中国有望在20年后实现载人登月。到了那时,中国就要开始计划建设自己的月球基地了。

● 停泊轨道

● 地月轨道转移和加速点

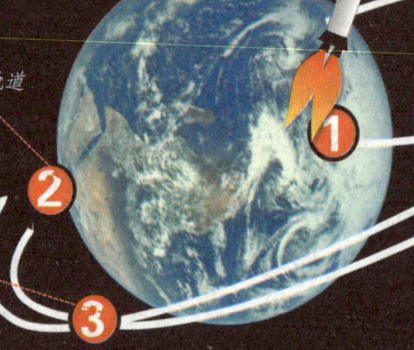

四大难题

在研究"嫦娥一号"的过程中，摆在中国科学家面前的有四大难题，也就是轨道设计与飞行过程控制问题、卫星姿态控制的三矢量控制问题、卫星环境适应性设计与远距离测控与通信问题。不过在科学家的努力下，这些问题已经得到了很好的解决。

四大任务

首期的绕月计划由"嫦娥一号"完成，它肩负着四大任务。首先，要获取月球表面的三维立体影像；其次，就是对月球表面的元素进行勘查，并绘制出分布图；第三，通过特殊的技术获取数据，估算出月球表面的年龄及其分布，研究氦-3元素；最后，就是探测月球和地球间的空间环境。

对宇航员的要求

中国的航天专家指出，执行"嫦娥计划"登月任务的宇航员，需要具有的素质与现在的宇航员是一样的。在日常训练上，与其他宇航员没有太大出入。但是他们还要对月球的知识有所掌握，还要进行一段时间的月球环境适应训练。

好奇心驱使——寻找地外文明

当人类走出地球、走进太空的时候，才发现在人类生活的世界之外还存在有这样一个无边无际的空间。人类不仅开始思考，在这个空间的某一端，是否存在着一个与地球相似的星球，上面生活着和人类相似的生物？

世界上唯一对外开放的飞碟博物馆，位于美国新墨西哥州，占地7 000多平方米。馆内陈列着世界各国出版的有关飞碟的杂志和文章，实物馆展出飞碟和不明飞行物的相关对象40余件。

地外文明

人们将地球以外的其他天体上可能存在的高级生物的文明，叫做地外文明。据估计，仅银河系中就有上亿颗行星可供人类居住，具有地球文明的天体数目就有几千到10万个。

神秘的飞碟

现在，地球上很多地区的上空都出现过神秘的飞碟现象。有记载的最早的飞碟现象出现在1878年的1月，美国150家报纸登载了一则新闻，报道美国得克萨斯州的农民马丁看到空中有一个圆形物体，报道中把这种物体称做"飞碟"。

科学家的推测

自从人类开始探索太空以来，寻找太空中的复杂生命就一直是人们不懈努力的目标。澳大利亚研究者们曾宣称，在我们生活的银河系中，有 1/10 的星球可能提供合适复杂生命体生存的环境。

▶火星上类似人的面孔的图案

知识小笔记

2003 年，运用全世界最大的无线电天文望远镜，美国科学家开始了又一轮寻找外星智慧生命的行动。

地球上的未解之谜

现在，地球上有很多未解之谜似乎与地外文明有着千丝万缕的联系。比如，复活节岛上的巨人像。面孔像是白种人，但是岛上没有水源没有树木，它们是如何建造的成为了不解之谜，于是有人就怀疑它是否和地外文明有关。

三种途径

现在人们通过多种途径考察地外文明，主要说来有以下三种：第一，是从身边入手，寻找太阳系中的生命；第二，是根据太阳系的特征，寻找与之相似的星系，看其中是否拥有与地球环境相似的星球；第三，就是发射和接收电磁信号。

▲复活节岛上的巨人像

天外来客——和外星人握手

在对地外文明的探索中,最被人们关注的是外星生物。似乎已有种种迹象说明外星人的确存在,但是谁都没能给出一个定论。人类一直以来都抱以友好的心态向外太空发出"问候",同时也在等候着外星生物的回应。

外星人

关于外星人来到地球的报道有很多,有人认为这都是不可能的。因为,外星人要是以 16.7 千米/秒的宇宙速度,从相距地球 4.3 光年的比邻星出发,到太阳系也得飞 8 万多年的时间。关于外星人的样子,也是众说纷纭。现在最常见的说法是大头,没有毛发,手脚细长,眼小如细线或眼大如灯。

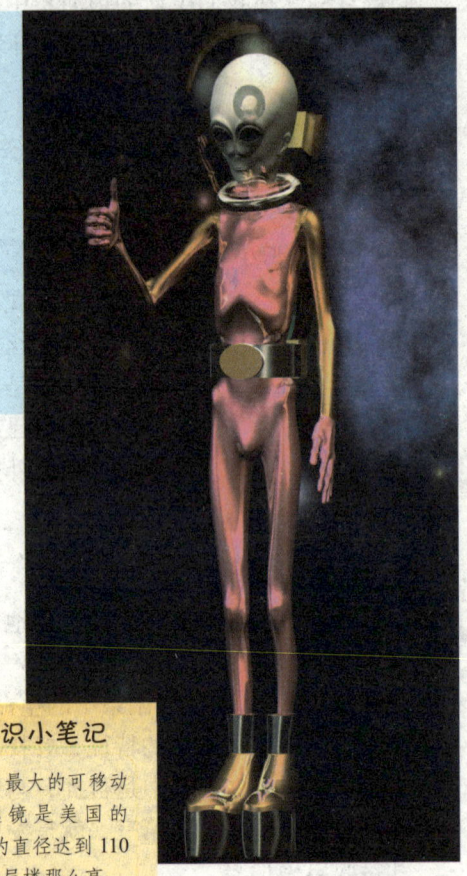

note 知识小笔记

目前,最大的可移动射电望远镜是美国的 GBT。它的直径达到 110 米,有 43 层楼那么高。

美好的想象

对于外星人,人类有着无限的想象。一些人还将这些想象编成故事,搬上银幕。《ET外星人》就是这样一部电影,讲述了一个善良的外星人与一个小男孩的感人故事。

▲《ET外星人》电影海报

来自外星的信息

在人类不断寻找外星生物的同时,外星人好像也在寻找人类的存在。1924年,美国天文学家就收获了一组来自火星的信息,这些信息到现在都没有被破解。除了信息,还有信件、实物等,不过这些事情都难辨真伪。

关于"奥兹码计划"

1959年,美国天文学家弗兰克·德雷克首次启动了探寻地外文明的"奥兹码计划",利用射电天文望远镜,来截获外星智能电讯。这是人类对外太空探索的一次重要尝试。

▲美国天文学家弗兰克·德雷克与他的射电天文望远镜

无限畅想——未来的航天

人类对太空的探索才刚刚起步,航天技术虽然说已经取得了一定的成绩,但还是有很大的发展空间。未来的航天,将带领人类去往更遥远的星际空间,探索更神秘的未知世界。

光子火箭想象图

快速飞行

追求更高的飞行速度是每个火箭发动机设计师的梦想,因为航天器飞行速度越快,我们就能在越短的时间里知道宇宙的秘密。宇宙中天体的距离十分遥远,因此快速飞行是实现星际间飞行梦想的基础技术。

火星基地

火星与地球是近邻,它上面的环境与地球也很相似。有人希望在21世纪中叶,建立起具有相当规模的"火星城",届时将会有大批的地球人在上面工作、居住。

艺术家想象的火星城

时空隧道

人类的航天技术发展到现在，"时空隧道"已不再是"天方夜谭"，科学家们已经想出建造时空隧道的原理和方法。在这样的隧道里，飞行只需要很短的时间，宇航员甚至可以不用带过多的氧气、饮水和食物等。他们去往另一个星球工作，就好比人类现在每天上下班那样轻松。

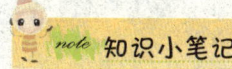

知识小笔记

早在1903年，俄国的齐奥尔科夫斯基就提出了太空城的构思。

利用太阳风

科学家们想到利用"风帆"的原理，来借助太阳风的力量，发明一种太阳帆船。只要这面帆的面积足够大，就能够产生足够的推力。并且在太空中，太阳可以源源不断地向帆船提供动力，帆船就可以不断得到匀加速。

▲ 太阳风帆

太空城

在太空中建立形如地球上的城市，是人类一直以来的太空梦想。随着人类科学技术的发展，太空城的构想也在一步步向现实发展。到了以后，在太空中会有供人类居住的城市，还会有太空工业城、太空农业城、太空科研城等。

● 太空城外形是圆筒或车轮状的，绕中心轴旋转，产生与地面重力相同的效果。

● 人类想象的太空城的内部

图书在版编目（CIP）数据

令孩子着迷的100个宇宙奥秘/畲田编著. —西安：
陕西科学技术出版社，2009.1（2022.1重印）
（全景百科·学生版）
ISBN 978-7-5369-4376-6

Ⅰ.令… Ⅱ.畲… Ⅲ.宇宙—少儿读物 Ⅳ.P159-49

中国版本图书馆CIP数据核字（2008）第190216号

全景百科·学生版
LING HAIZI ZHAOMI DE YIBAIGE YUZHOU AOMI
令孩子着迷的100个宇宙奥秘

出 版 人　崔　斌
责任编辑　李　栋
封面设计　李亚兵

出版者　陕西新华出版传媒集团　陕西科学技术出版社
　　　　西安市曲江新区登高路1388号陕西新华出版传媒产业大厦B座
　　　　电话（029）81205187　传真（029）81205155　邮编710061
　　　　http://www.snstp.com
发行者　陕西新华出版传媒集团　陕西科学技术出版社
　　　　电话（029）81205191　81205192
印　刷　三河市燕春印务有限公司
规　格　720 mm×1000 mm　1/20
印　张　11
字　数　183千字
版　次　2009年1月第1版
印　次　2022年1月第3次印刷
书　号　ISBN 978-7-5369-4376-6
定　价　49.80元

版权所有　翻印必究